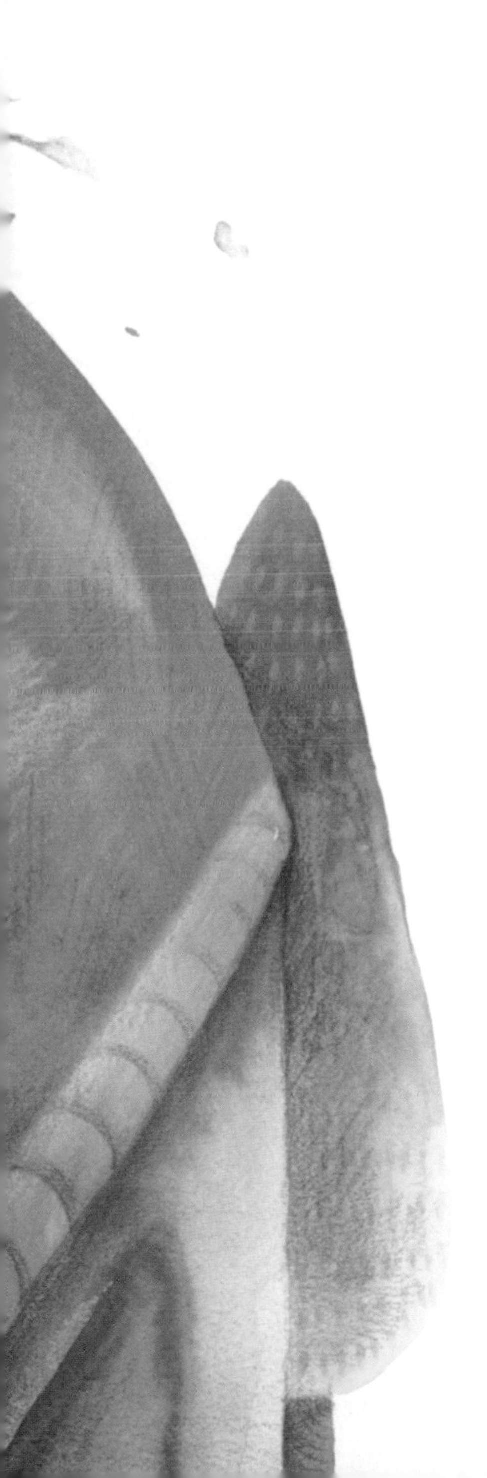

原作者：
維・比安基
（Vitaly Valentinovich Bianki, 1894-1959）
蘇聯著名兒童文學作家。

1894 年 2 月 11 日生於聖彼得堡。父親是生物學家，在家裡養著許多飛禽走獸。受父親及這些終日為伴的動物之影響，比安基從小就熱愛大自然，對大自然的奧秘產生了濃厚的興趣，有一種探索其奧秘的強烈願望。他大學念彼得堡大學物理數學系。在科學考察、旅行、狩獵及與護林員、老獵人的交往中，他留心觀察和研究自然界的各種生物，累積了豐富的素材，為以後的文學創作打下了堅實的基礎，也使筆下的生靈栩栩如生，形象逼真動人。有「發現森林第一人」、「森林啞語翻譯者」的美譽。
1928 年問世的《森林報》是他正式走上文學創作道路的標誌。1959 年 6 月 10 日，比安基在列寧格勒（1924 － 1991 年，聖彼得堡更名為列寧格勒）因病逝世，享年六十五歲。他的創作除了《森林報》，還有作品集《森林中的真事和傳說》（1957 年），《中短篇小說集》（1959 年），《短篇小說和童話集》（1960 年）。

改編者：子陽

本名周成功，又名佳樂，小時候的願望是：
諾貝爾文學獎！
來自鄉村，從小到大，大自然是他的好朋友。《森林報》編譯於 2013 年初，由於之前閱讀了大量的外國名著，所以當時有了寫作的衝動。後來，小侄子周家安越長越可愛、聰穎，便決定把它送為小侄子成長的禮物！

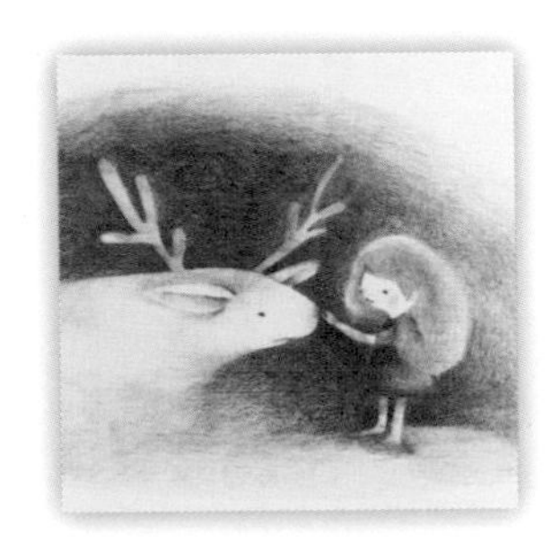

插畫家：蔡亞馨

東海美術研究所。
心中懷著一顆溫暖的小星星，住著精靈、小獸和植物，個性鮮明的角色乘著她的筆，懷抱著無懼來到這個世界，將傾訴的想望轉為色彩絢爛的詩篇。
Facebook 粉絲頁：趓氋盥 < ㄉㄨㄛˇ ㄇㄥˊ ㄍㄨㄢˋ >
https://www.facebook.com/doradora2014

森林報
春季篇

原　著｜【前蘇聯】維・比安基
編　譯｜子陽
插畫家｜蔡亞馨

森林報 春之舞 目錄

森林報 春之舞 目錄

森林報 春之舞 目錄

森林報
春之舞 目錄

寫給小讀者的話

在普通的報紙、期刊上，人們看到的盡是些人的消息、人的事情，但是，孩子們關心的卻是那些飛禽走獸，想知道牠們是如何生活。

森林裡聚集了城市裡沒有的見聞，森林有著愉快的節日也有著可悲的事件。可是，這些事情卻很少在城市中看到，比方說，在嚴寒的冬季裡，有沒有小蚊蟲從土裡鑽出來，牠們沒有翅膀，光著腳丫在雪地上亂跑？有沒有林中的大漢——駝鹿在打架？有沒有候鳥大搬家，秧雞徒步走過整個歐洲？

所有這些森林裡的新聞，在《森林報》上都可以看到。

《森林報》有 12 期，每月一期，《森林報》的編輯們把它編成了一部書。每一期的內容有：編輯部的文章、森林通訊員的電報和信件，以及打獵的事情等。

《森林報》是在 1927 年首次出版的，從那以後，經過很多次的再版，每一次的再版都會增加一些新的專欄。

我們《森林報》曾派過一位記者，去採訪非常有名的

獵人塞索伊奇。他們一起去打獵，一起嘗試著冒險。塞索伊奇向我們《森林報》的記者說了他的種種奇怪事情，記者把那些故事記下來，寄給了我們的編輯部。

《森林報》是在列寧格勒出版的，這是一種非官方性的州報，它所報導的，多數是列寧格勒省或市內的消息。

不過，蘇聯幅員遼闊，常常會在同一時間，出現這樣的光景：在北方邊境上，暴風、暴雪正在下不停，把人們凍得都不敢出門；在南方邊境上，卻百花競豔，處處一片欣欣向榮；在西部，孩子們剛剛睡覺，在東部，已經是豔陽高照。

所以，《森林報》的讀者提出了這樣的一個希望，希望能從《森林報》上看到全國的事。

基於這些，我們開闢了【來自四面八方的趣聞】這一個專欄。

我們給孩子提供了許多有關動植物的報導，這會增加他們的視野，使他們的眼界變得更為開闊。

我們還邀請了很有名的生物學家、植物學家、作家尼娜·米哈依洛芙娜·巴甫洛娃等為我們寫報導，談談有趣的植物與動物。

我們的讀者應該瞭解這些，這樣，才能改造自然，盡自己的所能管理動物和植物，並與之和諧地生活。

等我們的讀者長大了，是要培育驚人的新品種，去管理牠們的生活，以使森林對國家有益。

然而有這些遠大的志向，要想得以實現，首先要熱愛和熟悉自己國家的領土，應當認識在它上面生長的動物和植物，並瞭解牠們的生活。

在經過了九版的審閱和增訂後，《森林報》刊出了《一年——分作 12 個月的太陽詩篇》一文，其中每個月份的名稱，都用了一個修飾的詞語，用來代表當月的特色，比如，「三月裡恭賀新年」、「融雪的四月份」、「歌舞的五月」等。

我們用生物學博士尼・米・巴甫洛娃寫的大量報導，擴充了【農莊快訊】這一欄。我們發表了戰地通訊員從林中巨獸的戰場上發來的報導，也為釣魚愛好者開闢了【祝鉤鉤不落空】一欄。

希望小讀者們能從中獲益！

《森林報》的第一位駐地通訊員

以前，居住在列寧格勒或者是林區的居民，經常可以看到這樣的一個人，他戴著一副眼鏡，目光專注。他在做什麼呢？原來，他是一個教授，在聆聽鳥兒的叫聲，觀察蝴蝶飛舞。

像大城市的居民，並不善於發現春天裡新出現的鳥兒或蝴蝶；不過，林中發生的任何一件新鮮事，都逃不過他的眼睛。

他叫德米特里．尼基福羅維奇．卡依戈羅多夫，他對城市及其近郊充滿活力的大自然觀察整整50年了。

在這半個世紀的歲月裡，他看著春天送走了冬天，夏天送走了春天，秋天送走了夏天，冬天送走了秋天。他看到鳥兒飛來又飛去，花兒開了又落，還有樹木的繁華與凋零。這些他都一絲不苟地觀察和記錄，然後發表在報上。

他還呼籲大家要觀察大自然，尤其是對青少年，他寄予了厚望，他把觀察所得寄給了他們。

許多人回應了他的呼籲，他的那支隊伍也逐漸壯大。

如今，熱愛大自然的人，例如方志學家、學者，還有少年隊員和小學生，都陸陸續續地投入了德米特里・尼基福羅維奇開創的先例中，繼續觀察並收集結果。

在 50 年的觀察中，他積累了許多心得，他把這些整合在一起。讓後世的許多科學家及讀者看到了一個前所未有的世界，他們知道春季的時候什麼鳥兒會飛到這裡，秋季裡牠們又飛往何方，他們知道了鮮花和樹木如何生長。

他還為孩子和大人們寫了許多有關鳥類、森林和田野的書籍。他親自在小學裡工作過，總結了他的經驗：比起書本，孩子們更喜愛研究大自然了，尤其是在林間散步的時候。

但是，我們這位偉大的先驅，卻於1924年2月11日，由於久患重病，未能活到新一年春季的來臨就離世了。

他是我們《森林報》的第一位駐地通訊員，我們將永遠紀念他。

森林年

讀者們可能會認為印在《森林報》上有關森林和城市的消息都不是新聞，其實不是這樣子的。每年都有春天，然而每一年的春天都是嶄新的，無論你生活了多少年，你不可能看見兩個完全相同的春天。

「年」彷彿一個裝著十二個月的車輪：十二個月都閃過一遍，車輪就轉過整整一圈，於是又輪到第一個月閃過。

可是車輪已經不在原地，而是遠遠地滾向前方了。

又是春季到了，森林開始復甦，狗熊爬出洞穴，河水淹沒居住在地下的動物們，候鳥飛臨。鳥類又開始嬉戲、舞蹈，野獸生下幼崽兒。讀者就將在《森林報》上發現林間最新的消息了。

這裡刊登的每年森林曆，與一般的年曆有許多不同，不過，也不要驚訝。

對於野獸和鳥類，牠們不像人類，牠們有著特殊的年曆。林中的一切都按照太陽的運行而去生活。

一年之中，太陽在天空要走完一個圈。它每月會經過

一個星座，即黃道十二宮的其中一宮。

在森林年曆上，新年發生在春季第一月，也就是在太陽進入白羊星座的時候。那時，會有一個歡快的節日，當森林送走了太陽時，憂愁寡斷也會來臨。

習慣上，我們把森林年曆劃分為十二個月，只是對這十二個月的稱呼是按照森林裡的方式。

地球將圍繞著太陽作圓周運動，每年會有一次。而太陽的這一移動路線就叫做「黃道」，沿黃道分佈的黃道十二星座總稱「黃道帶」。這十二個星座對應了十二個月，每個月用太陽在該月所在的星座符號來標示。

由於春分點不斷移動，70 年大概移動 1 度，就目前太陽每月的位置，都在兩個鄰近星座之間。但每個月仍會保留以前的符號，十二個星座從 3 月 20 日或 21 日春分為起點，依次為：白羊座、金牛座、雙子座、巨蟹座、獅子座、處女座、天秤座、天蠍座、人馬座、摩羯座、寶瓶座和雙魚座。

一月到十二月的森林曆

春季	春季第一月	3月21日起至 4月20日止	白羊座
	春季第二月	4月21日起至 5月20日止	金牛座
	春季第三月	5月21日起至 6月20日止	雙子座
夏季	夏季第一月	6月21日起至 7月20日止	巨蟹座
	夏季第二月	7月21日起至 8月20日止	獅子座
	夏季第三月	8月21日起至 9月20日止	處女座
秋季	秋季第一月	9月21日起至10月20日止	天秤座
	秋季第二月	10月21日起至11月20日止	天蠍座
	秋季第三月	11月21日起至12月20日止	人馬座
冬季	冬季第一月	12月21日起至 1月20日止	摩羯座
	冬季第二月	1月21日起至 2月20日止	水瓶座
	冬季第三月	2月21日起至 3月20日止	雙魚座

ONE
萬物復甦月
春季第 1 月

三月裡恭賀新年

3 月 21 日是春分，白晝和黑夜一樣長：一晝夜中一半時間天上照著太陽，一半時間是夜晚。這一天森林裡萬物都在恭賀新年，這是節令轉向春季的開始。

我們民間說，「3 月是冒汽和滴水的月份」。太陽開始征服嚴冬。積雪正在變得疏鬆、多孔、潮濕，已經不再如冬天那樣強壯，正變得虛弱無力，憑顏色就可看出夏季為期不遠了。屋簷上掛下一條條冰錐，晶瑩的水滴沿著它們流淌，一滴滴墜落……水流匯成了水窪，街頭的麻雀在水窪裡撲騰，洗去冬季在羽毛上沾上的塵垢。花園裡山雀舒展著銀鈴般歡快的歌喉。

春天張著陽光的翅膀來臨了。它有著嚴格的程式。接下來它要做的第一件事是解放大地，讓大地開始冰雪消融。而一些河水還在冰下睡覺，在白雪覆蓋的地方還有未甦醒的森林。

按照俄羅斯人的習俗，3 月 21 日的早晨要烤上黃雀形狀的小麵包，它被捏成一個「鳥嘴」，「眼睛」的位置安放著葡萄乾。這一天之中，人們把鳥禽釋放，讓牠們重歸自由。

按照新的習俗，愛鳥月也從這一天開始了。孩子們把這個月獻給那些會飛的鳥兒們，在樹上為牠們掛了鳥窩，山雀窩啊，椋（ㄌㄧㄤˊ）鳥窩啊……各式各樣，五花八門。

在學校和俱樂部裡，孩子們還作報告，講述英雄人物如何保護菜地、森林、花園和果園，並立志向英雄人物學習。

還有母雞，像喝醉了酒似的，「咯咯咯」地走來，又「咯咯咯」地走去。

3 月裡，是新年的開始，萬物都在恭賀著新春！

來自森林裡的第一份電報

白嘴鴉拉開春之聲

在冰雪消融露出土地的地方，出現了一群群白嘴鴉。

牠們是在南方過冬的，當春天來了，牠們就匆匆忙忙地回到北方——牠們的故鄉。不過，在返鄉的途中，牠們遇到了不止一場冷酷無情的暴風雪，於是，幾隻、幾十隻的白嘴鴉筋疲力盡，在半路上死掉了。

那些體質健強的白嘴鴉最先飛到，牠們有的在休息，有的用結實的嘴巴刨著土地，有的則大模大樣地踱著方步。

這時，遮滿整個天空的黑壓壓、沉甸甸的雲也飄走了，浮現在人們眼前的是大雪堆般的積雲，以及蔚藍色的天空。

第一批小獸開始出生了，駝鹿和牡鹿長出了新的犄角，山雀、金翅雀在樹林裡歡快地歌唱……我們在靜靜地等候，等待著椋鳥和雲雀的飛來。

在一棵雲杉樹下，我們找到了熊洞。為了看見熊出來，只好輪流守候著。

雪水在暗地裡彙集，森林裡到處都是滴滴答答的響水聲，樹上的雪也在融化。夜裡，這些水又被凍成了冰。

森林裡的大事兒

第一顆蛋

在鳥類當中，雌烏鴉最先產蛋。它把窩築在高高的雲杉樹上，雲杉樹上覆蓋著厚厚的積雪。

為了不使蛋結冰，也為了小烏鴉們不被凍死，雌烏鴉寸步不離地守在窩邊，牠們的食物由雄烏鴉供給。

雪地裡吃奶的兔崽兒

當田野裡還是白雪皚皚的時候，兔子已經在那裡下崽（ㄗㄞˇ）了。

小兔兒剛生下來就能看得見，牠們渾身裹著厚厚的皮毛，來到這個世上就會奔跑。

在吃飽了兔媽媽的奶以後，牠們就開始在雪地裡奔跑了，牠們藏到灌木叢和草丘下面，在那裡安安靜靜，既不叫也不鬧，儘管兔媽媽跑到了別處。

過了一天，又過了兩天，兔媽媽在田野裡到處蹦蹦跳跳，早把小兔崽兒忘得乾乾淨淨。小兔崽兒卻還在原地躺著。牠們可不能亂跑，萬一正好被天敵發現就糟糕了。

終於，另外的一隻兔媽媽從旁邊跑過，然而，這不是牠們的媽媽，而是別的小兔子的媽媽。這群小兔崽兒向牠跑去：我們餓了，餵我們吧！

這位陌生的「兔媽媽」十分和氣，把牠們餵飽後，又各自走自己的路了。

小兔崽們又回到了灌木叢下，而牠們的兔媽媽正在給別家的兔寶寶餵奶呢。

兔子就是這樣做的，兔崽兒都被認為是大家的孩子。兔媽媽一遇到兔崽兒，就會給牠們餵奶。對兔媽媽來說，不管是自己生的還是別家生的，都一樣對待。

小兔崽兒在雪地上過得很快樂，雖然是「流浪兒」，但牠們總有奶吃。牠們的身上也暖和和的，因為裹著皮毛大衣呢！而兔媽媽的奶呢又濃又甜，小兔崽兒吃一次，一連幾天都不會覺得餓。

到了第八、第九天，小兔崽兒就可以用牙齒吃青草了。

葇荑是第一批花

最先開放的鮮花出現了，不過地面上見不著它，它還

蓋在雪下面呢。只有森林的邊緣才有潺潺流淌的春水，水溝裡的水滿到了邊。就在這兒，棕褐色春水的上方，一棵榛子樹光禿禿的枝條上，冒出了最先綻放的鮮花。

樹枝上垂掛著一串串柔軟的尾巴樣花穗，它們被稱為柔荑花序，但並不像耳環。如果你搖曳一下這樣的花穗，就會有花粉像雲煙一樣紛紛飄落下來。

然而，還有叫人驚訝的事呢：在榛子樹的這些枝條上還有別的花。這些花成雙或成三地長著，可以把它們看作花蕾，但是從每一個花蕾的頂端，伸出一對淺紅色的線狀小舌頭。這是柱頭，能捕抓從別的榛子樹上飄來的花粉。

風兒自由地在光禿禿的枝條間遊蕩，因為上面沒有葉子，所以沒有任何東西妨礙它搖晃花穗並接住花粉。

榛子樹的花謝了，花穗也脫落了。奇異的蕾狀小花上，淺紅色的小舌頭也乾枯了，但是，每一朵這樣的小花都變成了一顆榛子。

動物們改裝了

在森林裡，那些溫順的動物最擔心的就是被猛獸所襲擊，不管牠們走到哪裡，只要一不小心，就可能成為猛獸的美餐。

在冬季裡，白兔子、白山鶉在白雪地上，不大會有人發現牠們。可是，現在雪正在融化，有些地方已經露出了地面。狐狸、狼、鷂鷹、貓頭鷹，開始注意這些小食肉獸，在老遠牠們就能看到雪化了後黑色的土地上的白獸皮、白羽毛。

所以，為了防止被天敵殺掉，這些動物們開始改裝了。像白兔子換上了灰色的衣服，白山鶉掉了許多白羽毛，在原來是白羽毛的地方，長上了褐色和紅褐色帶黑條紋的新羽毛。這樣，牠們就不會被敵人輕易地發現。

另外，一些襲擊小動物的食肉獸，也開始改裝了。在冬天，伶鼬渾身雪白，白鼬也是雪白，除了尾巴尖兒是黑的之外，那樣，牠們可以偷偷地爬到溫順的小動物跟前。只是現在小動物們都改裝了，牠們再不改裝，小動物們就會對牠們避而遠之。

不過，雪化後，仍有些黑色的點兒，那些不是改裝的動物，而是垃圾和小枯枝什麼的。

冬客準備上路

在我們整個州，車輛經過的路上，有一群白色的小鳥，牠們像極了黃鵐（ㄨ）。這是我們冬季的來客——鐵爪雪花　。

牠們的故鄉在凍土地帶、北冰洋的島嶼和海岸，那裡的土地還不會很快解凍。

可怕的雪崩

森林裡要發生可怕的雪崩了。

在一棵大雲杉的樹枝上，松鼠懶懶地正在睡覺。

突然，從樹的頂端滑落一團沉甸甸的雪，正好砸在松鼠的窩頂。松鼠吃了一驚，逃出了窩，無助地望著窩裡的幼崽兒。

過後，松樹開始把雪往四下裡扒，幸好雪只壓到了用粗大的枝條搭成的窩頂，用柔軟的苔蘚做成的圓形內窩沒有被破壞。小松鼠們仍然安然無恙地躺在窩裡，牠們還小，和小老鼠一般大，身上光溜溜的，沒有睜開眼，也不懂事。

潮濕的地下住所

雪正在不停地融化，地下住所開始變得潮濕，那些地下的居民們日子難過極了，像鼴鼠、鼩鼱（ㄑㄩˊ ㄐㄧㄥ）、田鼠、老鼠、狐狸和其他穴地而居的大小獸類，現在都很苦惱，當雪都化成水的時候，牠們該怎麼辦呢？

神奇的茸毛

沼澤地裡，積雪融化了，草棵子（指生長茂密的草叢）間成了水窪。在草棵子的下面，可以看到泛著綠的羊鬍子的草莖。草莖光滑，白花花的小穗在風中飄動。難道是去年秋天的種子在風中沒來得及遠飛嗎？我看不出，因為它們太潔淨了，給人一種新鮮的感覺。

如果想要知道答案的話，那就不要採下這種小穗，不要撥開茸毛。這是花呀！在柔絲般的白色茸毛之間，可見黃色的雄蕊和纖細的柱頭。

這可能是羊鬍子草，那些茸毛是留作保暖用的，因為在它開花的時候，夜晚是冷風嗖嗖的。

常綠樹林

在熱帶或是地中海沿岸可以看見常綠的植物，在我們國家的北方，也會有常青的樹林。這時如果漫步於樹林中，那可真的是一種享受啊！因為在樹林裡，你看不到枯枝敗葉，到處欣欣向榮，當然會充滿著希望。

向遠方望去，綠油油的是泛青的小樹，逗留在這些小樹之間，是很愜意的。

在這兒，一切都煥發著光彩，越橘的葉子閃著亮光，青苔泛著綠光，石楠的枝條上長滿了猶如綠色鱗片的葉芽，樹枝上還保留著去年沒有凋零的淺色的小花。

在沼澤的周圍，有一種常綠的灌木，它叫蜂斗葉，葉子呈現暗綠色，邊緣向上捲起，並露出粉白色的背面。不過，很少有人注意到它的葉子，因為它的花更有趣。看，粉色的小花多標緻啊，簡直像個小仙女，和越橘花也很像呢！在初春時節能找到花，是令人愉快的事。採上一束，再帶回家，大家會說是從溫室裡摘來的，而不是從野外採摘回來的。

鷂鷹與白嘴鴉

從頭頂上傳來了一種叫聲，「嗶——嗶！嘎——嘎——嘎！」

我抬頭望去，看到五隻白嘴鴉和一隻鷂鷹在飛。鷂鷹向四面躲閃著，白嘴鴉卻窮追不捨，啄它的頭部。鷂鷹痛得嗶嗶直叫。最後終於成功逃脫，飛向遠方。

我站在一座高高的山上，以便看得更遠。我看到一隻鷂鷹停在一棵樹上，牠累了，正在那裡休息，忽然，不知

從那裡飛來一大群鬧哄哄的白嘴鴉，向牠襲擊，這時候的鷂鷹完全陷入了困境，牠瘋狂地尖叫著向其中一隻白嘴鴉衝去。那隻白嘴鴉害怕極了，向一旁閃去。於是，鷂鷹非常靈巧、毫無障礙地飛向了高空。

白嘴鴉失去了俘虜的對象後，在田野上轉了一圈就飛走了。

來自森林裡的第二份電報

雲雀和椋鳥飛過來了，牠們開始歌唱。

我們耐心地等待著，狗熊還沒從樹洞裡出來，難道牠被凍死了？大家都猜測著。

忽然，洞上的雪動了起來，只見從洞穴裡爬出來的不像熊，而是另外的一種野獸。牠像小豬那麼大，渾身上下都是毛，牠的肚皮是黑色的，灰白的頭上長著兩道暗色的條紋。

牠是什麼動物呢？哦，原來牠是獾，我們走錯洞了。

那隻獾是結束了冬眠，出來到森林裡尋找吃的東西呢！像什麼蝸牛、幼蟲、甲蟲都是牠的美食，牠也吃樹根和草根，有時會捕捉老鼠。

這樣，我們又開始找狗熊洞了。我們走遍了整個森林，終於找到了。這可是真的狗熊洞，不過那傢伙還在裡面睡覺呢！

另外，水溢出了冰面，雪正在塌落。

琴雞開始戀愛了，啄木鳥在樹上捉著蟲子呢！聽，「咚咚咚」，它是森林裡樹木的醫生。啄冰的小鳥也飛來了，我們都叫它白鶺鴒（ㄐㄧˊ ㄌㄧㄥˊ）。

在道路上，處處泥濘不堪，我們只能坐著馬車前進，不能再像以前那樣能滑雪橇了。

頂層閣樓間的居民們

我們《森林報》的一名記者，最近走訪了城市中心的許多處人家，以便瞭解那些居住在頂層閣樓間的居民。

佔據這些地方的是一些鳥兒，牠們對自己的住所相當滿意。誰覺得冷，誰就可以把身子緊貼到爐灶的煙囪邊，利用免費的供暖設施取暖。

鴿子正在孵卵，麻雀和寒鴉在收拾秸稈，以便製作暖和的巢。

但頂層閣樓間的鳥兒們也有抱怨，牠們最擔心的不是風雨，而是貓咪和小孩兒，因為那些淘氣的傢伙會搗毀牠們的鳥窩。

驚慌失措的麻雀

在椋鳥巢旁邊，叫嚷聲、吵架聲亂作一團，絨毛、鳥羽、稻草隨風飛舞。

原來是椋鳥房的主人——椋鳥回來了。牠們揪住佔據

都市快訊

屋頂上的貓咪音樂會

夜晚來臨時，貓咪音樂會在屋頂上開始了。貓非常喜歡這樣的音樂會，結束時都以牠們絕望的吵架收場。

了椋鳥巢的麻雀，往外攆；攆完麻雀，再往外扔麻雀的羽毛褥子——連麻雀的一點痕跡也不能讓它留下啊！

有個泥灰工人正站在鷹架上抹屋頂下的裂縫。麻雀在屋簷上跳跳蹦蹦，用一隻眼睛瞅瞅屋簷下，然後大叫一聲，向泥灰工人的臉撲了過去。泥灰工人用抹泥灰的小鏟子一個勁兒攆牠們。他怎麼也想不到，他把裂縫裡的麻雀窩封住了，而麻雀已經在窩裡下了蛋。

一片叫嚷聲，一片吵鬧聲，絨毛、鳥羽隨風飛舞。

森林報通訊員尼・斯拉德科夫

沒神氣的蒼蠅

街上出現了一些蒼蠅，牠們渾身泛著藍裡透綠的光，跟在秋天時的一樣，無精打采，像沒睡醒。牠們還不會飛，只能用腳在牆壁上、地面上爬，而且一副弱不禁風的樣子。

這些蒼蠅白天在曬太陽，當到了傍晚，牠們就爬回到牆壁和柵欄的空隙和裂縫裡去了。

蠅虎，流浪的殺手

在列寧格勒的街上，當蒼蠅越來越多的時候，牠的天敵——蠅虎也出現了。

蠅虎是像「狼是靠快腿活命的」一樣，牠逮捕蒼蠅，沒有固定的住所，不像蜘蛛那樣織了四通八達的網，而是埋伏著，使勁一躍，就可以撲到蒼蠅或者其他昆蟲的身上將牠們吃掉。

不斷往前爬的迎春蟲

從河面冰縫中的水裡，有些小蟲子出來了，牠們笨頭笨腦。

爬上岸後，脫去身上的一層皮套子，然後變成了有翅膀的飛蟲。

牠們的身子又細又長，看起來很勻稱，但牠們不是蒼蠅，也不是蝴蝶，而是另外的一種動物——迎春蟲。

迎春蟲翅膀長長的，身體輕飄飄的，還不會飛，只得曬曬太陽取暖。

牠們爬過馬路，過路的人踩牠們，馬蹄會踏牠們，汽車輪了會碾壓牠們，還有樹上躲著的小鳥會「忽」的一下飛過來啄牠們。可是，迎春蟲仍然不停地往前爬。幾隻，幾千，幾十萬隻……

牠們爬過了馬路，又開始爬牆壁，想爬到上面去曬太陽啊！

森林區的觀察

由著名的觀察大自然行家德·尼·卡依戈羅多夫發起的對森林區不間斷的物候學觀察，從開始至今已經 80 年了。

如今，蘇聯的物候學（phenology）觀察家是由一個以卡依戈羅多夫的名字命名的專門委員會領導的，這個委員會隸屬於全蘇地理學會。

物候學觀察家們從國內不同的州和加盟共和國將自己的資訊發往委員會。對候鳥的飛臨飛離、植物的花開花落、昆蟲的出現消失，多年一貫的登記，使「大自然日曆」的編制有了可能。這種日曆有助於預測和確定各種農事期限。

在森林區現在成立了一個國家物候學中心站。在全世界，這樣的觀察站只有三個，那裡的觀察期都超過了 50 年。

為椋鳥準備住宅

熱愛椋鳥的朋友們，想讓椋鳥在他的園子裡住下來，就要為椋鳥準備住宅！住宅要乾淨，門要開得小，讓椋鳥能鑽進去，貓鑽不進去。

在門裡面還得釘上一塊三角形的木板，好叫貓連用爪子都掏不到椋鳥。

飛舞的小蚊子

在暖洋洋的日子裡，小蚊子在空中不停地飛舞著。不過，不用害怕，牠們不會咬人。

牠們成群結隊地聚集在一起，像一根圓柱，在空中時上時下。

在這些小蚊子聚集的地方，可以看到像雀斑的黑點，有時候很顯眼。

最先出現的蝴蝶

陽光下，蝴蝶在吹風，然後弄乾自己的翅膀。

最先出現的是帶紅點的暗褐色蕁麻蛺蝶和淡黃色黃粉蝶，牠們在頂層閣樓間過冬。

公園和花園裡

在公園和花園裡，出現了肚皮紫色、頭戴藍帽的雄蒼頭燕雀，牠們大聲啾啾。然後，成群結隊地待在一起，等候雌燕雀的到來。雌燕雀總比雄燕雀晚到。

造林

科學造林大會就要舉行了，於是，森林學家、林業人員和農學家們陸續趕了過來。

在這一百多年來，人們不停地進行著勘察工作，栽種樹木，為的是讓草原上有一大片森林。

現在，我們精心挑選出 300 多種喬木和灌木，明白它們適應的條件，如在頓涅茨草原上，最適宜的是櫟樹和錦雞兒（編按：為豆科錦雞兒屬下的一類植物）、忍冬（編按：它的花在中國和臺灣被稱為「金銀花」，是一味常用的中藥材）以及與其他灌木混植在一起的橡樹（編按：櫟樹和橡樹都是殼斗科的植物，會長出橡子）。

我們的工廠正在研造一種新的機器，用它能在較短的時間內提高植樹造林的效率。

到目前，造林工程已經有了很大的進展，造林面積達到了幾十萬公頃。

早春鮮花

款冬（編按：為菊科款冬屬植物，別名蜂斗菜、冬花）的小黃花在公園、花園和果園裡盛開了。

街頭有人在賣一束束最早的林中春花，賣花的把這種花叫做「雪下紫羅蘭」，雖然它們的顏色和香味都不像紫羅蘭。它們真正的名字，叫做藍花積雪草。

樹木也睡醒了，白樺的樹液已開始在樹幹內流動。

漂來了些什麼生物

在列斯諾耶公園的峽谷裡，春水流淌著。在一條小溪上，我們的幾位森林通訊員用石頭和泥土築了一道攔水壩，靜候在那裡，看看有什麼生物漂到他們的水塘裡來。等了半天，也沒有一隻生物漂來，只流來一些木片和小樹枝，在水塘裡來回打轉。

後來，一隻老鼠在溪底滾了過來。這不是普通的長尾巴灰家鼠，牠是棕黃色的，有一根短尾巴。原來是田鼠。大概這隻死田鼠在雪底下躺了一個冬天。現在雪融成了水，溪水就把牠沖到池塘裡來了。

後來，水塘裡流來了一隻黑甲蟲。它掙扎著，旋轉著，從水裡怎麼也爬不出來。大家以為這是一隻水棲的甲蟲，等到撈起來一看，原來是個最不喜歡水的糞金龜。這麼說，牠也睡醒了。牠當然不是故意掉到水裡去的。

後來，有個傢伙用長長的後腿一蹬一蹬，自己遊到水塘裡來了。你們猜牠是誰啊？牠是青蛙。在到處還是積雪時，青蛙一見水就出來了。牠從水塘裡爬上了岸，三蹦兩跳就鑽到灌木叢裡去了。

最後，遊來了一隻小獸。牠是褐色的，很像家鼠，只是尾巴短得多，原來是隻水老鼠。牠儲藏了許多冬糧。看來到了春天，牠已經把存糧吃光了，所以出來找食物吃。

款冬

在沙坡上，出現了一叢叢細莖的植物。苗苗條條、高高仰著頭的莖，是年紀大一些的；肥肥碩碩、笨笨咧咧的莖，是年紀小一些的，它們緊挨在高莖的身旁。

這些植物叫款冬，它還有一個模樣十分滑稽的莖，那些莖耷（ㄉㄚ）拉著腦袋，彎著腰桿站在那兒，彷彿是剛出世，見到陌生人還害羞呢！

每一叢莖，都是一個小家庭。每個這樣的小家庭，都

是從一段地下根莖生長出來的。

從去年秋天開始，這段地下根莖裡就儲存了養料，現在養料被它們一點一點地消耗，不過整個花期都得靠這些養料。

不久後，每個小腦袋都會變成一朵輻射狀的黃花，但精確地說這些是花序，一大堆彼此緊緊挨在一起的小花。

花開始凋謝的時候，就從根莖裡生出了葉子。這些葉子會製造養分，然後再儲藏在根莖裡，使植株得以健康地成長。

尼・巴甫洛娃

天空中的喇叭聲

在早晨，太陽還沒有出來，街頭一片沉靜的時候，忽然，從天空上傳來了喇叭聲，那聲音聽起來格外響耳。列寧格勒的居民們都很好奇。

眼力好的人，會仔細地察望，他們可以看見一大群脖子又直又長的大白鳥，在雲朵下面飛著呢！

這些鳥列隊飛行，牠們愛叫，是野天鵝。

每年春天的這個時候，牠們都會在我們城市的上空飛過，用吹喇叭似的聲音叫著：「克爾魯——魯嗚！克爾魯——魯嗚！」

不過，在熱鬧的時候，由於人聲吵雜，車聲隆隆，就很難聽到牠們的叫聲了。

現在，這一群野天鵝正打算飛到科拉半島（位於巴倫支海與白海之間）和阿爾漢格爾斯克（位於北德維納河口，是阿爾漢格爾斯克州首府，隔著白海與科拉半島相望）附近，或者到北德維納河（編按：德維納河 Dvina 有兩條，北德維納河注入 Dvina 灣，西德維納河河注入 Riga 灣）兩岸去做巢。

參加慶會的入場券

大隊委員會交給每個少年隊員一個任務，就是為椋鳥做一個巢。

所以，我們都在忙著這件事情。我們有一個木工場，誰要是不會做椋鳥巢，可以到那裡學習。

我們要在校園裡放上許多椋鳥巢，這樣的話，鳥兒們就會飛來住在這兒，然後牠們會保護蘋果樹、梨樹和櫻桃樹，那些害蟲便會越來越少了。

等到學校裡歡度飛禽節（在蘇聯的學校，每年都要舉行一次飛禽節，在這天，學生們要帶鳥放生，並為益鳥做好事）的時候，每個少年隊員就會把自己設計的椋鳥巢帶到慶祝會上來。這樣子的話，他們就可以獲得參加慶祝會的入場券。

森林通訊員伏洛加・諾威任尼亞・科良吉克

來自森林裡的第三份電報（急電）

我們守候在一個洞口邊的樹上。

突然，下面不知是誰掀開了積雪，露出了一頭野獸黑色的腦袋。

這是一頭母熊，牠爬出了洞穴，後面跟著兩隻小熊崽兒。

那頭母熊張開了整個嘴巴，深深地打了一個哈欠，然後就向森林裡走去。小熊崽兒連蹦帶跳地跟在牠後面。

但我們感覺，這頭母熊很瘦，牠可能因為冬眠好久沒進食的緣故吧！

現在，牠在林子裡到處轉悠，看樣子牠真的很饑餓，要不不會見什麼就吃什麼，那些植物的根、隔年的草和漿果都是牠的美食，如果哪隻小動物不小心遇上了牠，也是會送掉性命的！

發洪水了

冬天過去了，雲雀和椋鳥開始唱歌。

大地冰雪消融，大量的水湧向田地，滋潤著莊稼。

有時，烈火熊熊，可以看到田野上歡快的綠色的幼芽。

但是，洪水卻來了，因為，汛期的水面上出現了最初的野鴨和大雁。

接著，小蜥蜴從樹皮下面爬出來，牠爬上了樹墩。

在城市裡，有很多事情發生，交通中斷了，人們不得不艱難地步行。

農莊裡的事兒

攔下開溜的春水

融雪水沒有得到任何人的許可，竟想從田裡逃到凹地裡去。

集體農莊莊員們急忙把開溜的春水攔了下來——用結結實實的積雪在斜坡上築了一道橫牆。

水留在田裡了，開始慢慢往土裡滲。

田裡的綠色居民已經感覺出，水漸漸流進它們的小根，它們為此非常高興。

接收了新生的小豬

昨天夜裡，在國營農場豬舍裡，值班飼養員們在為母豬接生，一共有 100 頭小豬降生。這 100 頭小豬，個個肥頭大耳、壯壯實實，哼哼吭吭。

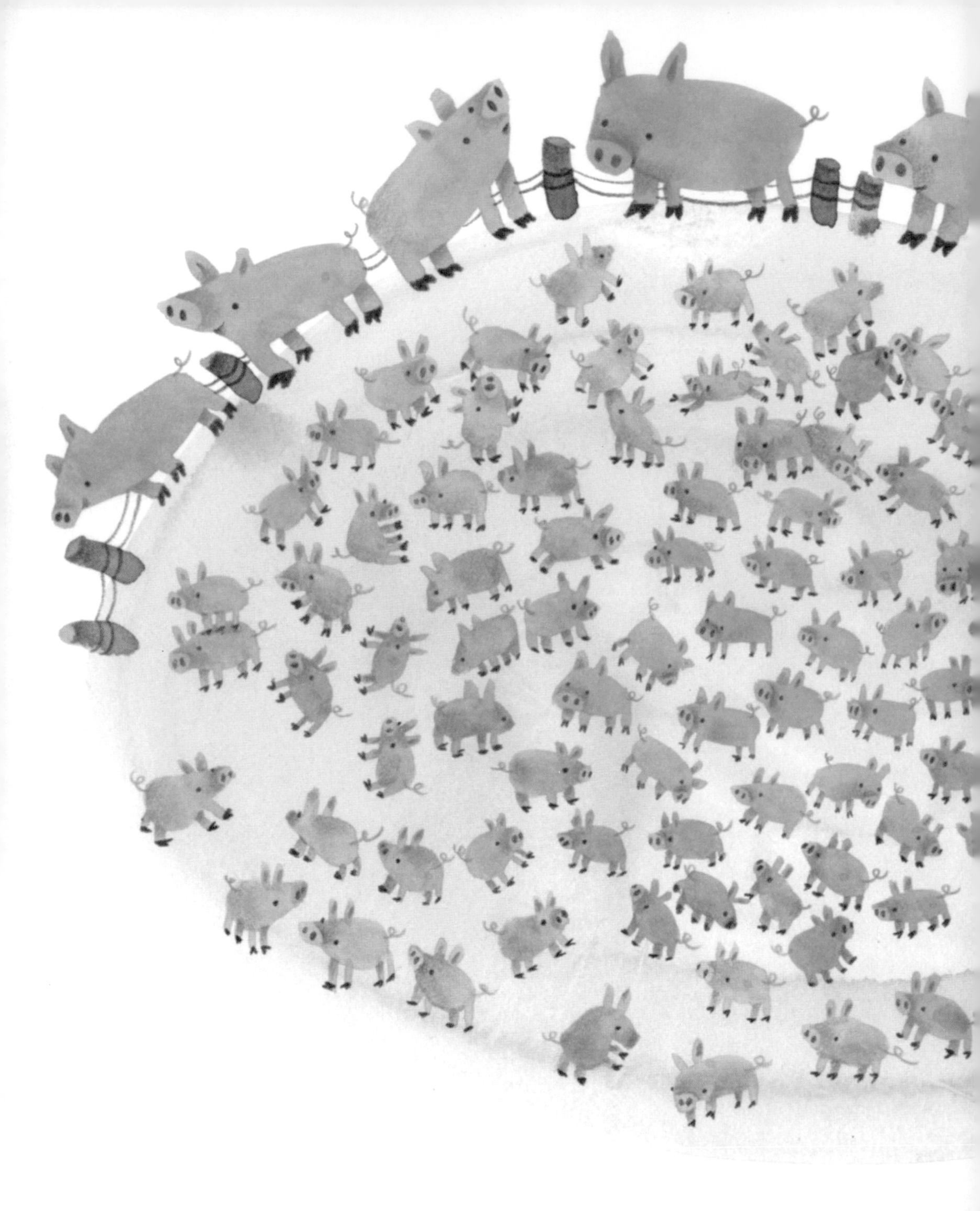

9 位年輕的豬媽媽，在焦急地等待著飼養員把牠們那天生有翹鼻頭、小尾巴的小豬送過去吃奶。

另外，在昨天夜裡，馬鈴薯從寒冷的倉庫搬到暖和的新房子裡去了。馬鈴薯對新環境非常適應，不久就要發芽。

綠色的新聞

菜鋪裡有新鮮黃瓜出售了，這些黃瓜的花的授粉工作，不是由蜜蜂來完成的，它們生長的土地，不是由太陽來烤熱的。

不過，這些黃瓜還是名副其實的黃瓜，它們肥肥碩碩，厚厚實實，多汁而生滿了小刺。它們的香味，也是真正的黃瓜清香，雖然它們是在溫室裡長大的。

給挨餓的莊稼施放食料

雪都化了，於是我們發現所有田地都蓋滿了瘦弱的綠色小草。土地還結著冰，草根從土裡吸不到養分，所以，可憐的小草正在挨餓。

但對農莊莊員來說它們可是寶，要知道這些瘦弱的小草正是秋播的莊稼。於是，農莊裡為它們準備了上好的食料：草木灰、禽糞、廏液、富含營養的鹽類。

他們將通過空中食堂，給挨餓的莊稼施放一定分量的食料。擔任食堂角色的飛機將從田地上空飛過，向它們灑下食料，這些夠每一棵小草盡情飽餐了。

打獵的事兒

打勾嘴鷸

白天，獵人從城裡出發，天黑前就已經到達森林裡了。

這是一個灰沉沉的黃昏，沒有風，下著雨，這正是鳥類搬家的好天氣。

獵人在森林邊上選好一塊地方，然後靠在一棵小雲杉旁。

周圍的樹木不高，盡是些赤楊、白樺和雲杉。離太陽下山還有一刻鐘，獵人可以抽煙，過一會兒可就不行了。

獵人站在那兒傾聽著鳥兒的歌唱：鶇（ㄉㄨㄥ）鳥在樅樹的尖樹頂上尖聲鳴叫、囀啼著；紅胸脯的歐鴝（ㄑㄩˊ）在叢林裡唧唧啾啾小聲啼叫著。

太陽落下去了，鳥兒們漸漸地不再歌唱，連最會唱歌的鶇鳥和歐鴝也沉默了。

現在，請仔細傾聽，從天空的上方，忽然會有一種聲音：

「嗤爾克，嗤爾克，霍爾——爾——爾！」

這是什麼聲音呢？獵人不知道，他把獵槍往肩上一搭，站在那兒辨別著。

「嗤爾克，嗤爾克，霍爾——爾——爾！」「嗤爾克，嗤爾克！」

原來是兩隻呢！

再仔細看，是兩隻長嘴的勾嘴鶥（ㄩˋ），正飛過森林上空。勾嘴鶥在空中撲扇著翅膀，一個在前一個在後，但並不是在打架。因為，前面的一隻是雌的，後面一隻是雄的。

「砰……」後面的那隻勾嘴鶥被擊中，掉到了灌木叢裡。

獵人飛快地向灌木叢奔去，因為他擔心受傷的鳥兒鑽進灌木叢裡躲起來，那麼，就找不到牠了。

勾嘴鶥的羽毛，顏色不怎麼鮮亮，跟晦暗的落葉差不多。

瞧！牠掛在灌木叢上了。

這時，不知在什麼地方，又聽到了「嗤爾克，嗤爾克！」的叫聲。

獵人又站在小雲杉後面，他聚精會神地聽著。又傳來

了這樣的叫聲：

「嗤爾克，嗤爾克！」「霍爾——爾——爾！霍爾——爾——爾——爾！」

在那邊，在那邊，只是太遠了，把牠們引過來吧！

獵人摘下帽子，往空中一拋。雄勾嘴鷸的眼睛很尖：牠正在薄暮的昏暗裡仔細尋找雌勾嘴鷸。牠看見一件黑糊糊的東西從地面升起來，又落了下去。

是雌勾嘴鷸嗎？牠拐了個彎兒，急急忙忙筆直向獵人飛過來了。

砰！——這隻也一個跟頭栽了下來，像塊木頭似的撞在地上。一槍就打死了牠。

天漸漸黑了下來。「嗤爾克，嗤爾克！霍爾，霍爾」的叫聲四起，時斷時續，時而在這邊，時而在那邊，不知道該往哪邊轉身好。

獵人興奮得兩手發抖。

砰！砰！——沒打中。

砰！砰！又沒打中。

還是不要開槍了，休息一會兒，放過一兩隻勾嘴鷸吧！

定定神，手不發抖了。

現在可以開槍了。

在黑黝黝的森林深處，一隻貓頭鷹用喑（ㄧㄣ）啞的聲音陰陽怪氣地大喝一聲。嚇得一隻正在打瞌睡的鶇鳥驚惶失措地尖叫起來。

天黑了——再過一會兒，就不能開槍了。

好不容易又響起了叫聲：

「嗤爾克，嗤爾克！」

從另外一頭也是：「嗤爾克，嗤爾克！」

兩隻雄勾嘴鷸就在獵人的頭頂上碰頭了，一碰上就打起架來。

「砰！砰！」這回放的是雙筒槍，兩隻勾嘴鷸都掉下來了。一隻像土塊似的落了地；另一隻翻著跟頭，正好掉在獵人腳旁。

現在該走啦，趁著小路還看得見，應該趕到鳥兒愛巢的地方去。

松雞的愛巢

夜裡，獵人坐在林子裡，吃了點東西，就著軍用水壺裡的水咕嚕咕嚕吞下肚去。他不能生火，因為火會把鳥驚飛。

不用等多久就要大亮了，而鳥類求偶卻開始得很早——在快天亮的時候。

鵰鴞在黑夜的寂靜中低沉地叫了兩聲。

這該死的東西，會把求偶的兩隻鳥趕跑的！

東方的天邊稍稍露了點白色，就隱隱約約聽見在一個地方松雞開始嘚嘚（ㄉㄜˊ）、咯咯地叫了。

獵人跳了起來，仔細地傾聽著。

現在是第二隻在叫了。不遠，離他 100 公尺左右的地方。第三隻——獵人躡手躡腳地走著，一點點靠近。雙手握著獵槍，扳機已經扣上。眼睛緊緊盯住黑黢黢（ㄑㄩ）的一棵棵粗壯的雲杉。

現在聽到嘚嘚的叫聲停止了，松雞開始咯咯地叫起來，牠的好戲開始了——唱起了帶顫音的歌聲。

獵人跳開原先站立的位置，一下，兩下——然後像栽進地裡似的站定了。

發顫的歌聲戛然而止，四周變得寂靜。

松雞現在正高度戒備著，張耳諦聽。牠耳朵尖得很，只要你輕輕發出一點咔嚓聲，牠馬上就會脫身飛走，翅膀在林子裡發出很響的搧動聲，消失得無影無蹤。

牠什麼也沒聽見，又嘚叫起來：「嘚——嘚！嘚——嘚！」彷彿兩塊木頭響板在相互輕輕地敲擊。

獵人沒有動。

松雞的好戲又開場了。

獵人縱身一跳。

松雞唱起了情歌，中斷了嘚嘚的叫聲。

獵人的一條腿剛抬起就停住不動了。松雞屏住了呼吸：牠又在傾聽。

又和剛才一樣叫起來：「嘚——嘚！嘚——嘚！」

如此循環反覆了好多次。

這時獵人已近在咫尺，松雞就停在這幾棵雲杉樹的某一處。

牠們正在談情說愛，頭腦完全發熱了，現在已經什麼也聽不見，即使你大喊大叫！

但是牠究竟在哪裡呢？在黑壓壓的針葉叢裡你是分辨

不清的。

獵人細瞧了一會兒，諾，在一根毛茸茸的雲杉樹枝上，有一個長長黑黑的脖子……

獵人舉起了獵槍，應該選擇一個致命點瞄準，最好擊中頭頸。

獵人試了很多次，終於可以了。

砰！——松雞落到了雪地上。

獵人走過去一看，是一隻大公松雞，重量有10斤多。牠的眉毛紅紅的，蓄著一撮鬍子，有一把大扇子那樣張開的尾巴。

森林裡的劇院

黑琴雞求偶的場所

在另一塊林間的空地上，正上演著另一齣好戲。

太陽還沒有升起，但已經可以看得見了。

那些主角們開始登場，觀眾們也聚集在一起。有幾隻在覓食，另外幾隻神氣十足地站在樹上。

牠們是黑琴雞。

這時，其中的一個主角黑琴雞降落到林間空地的中央，牠全身漆黑，翅膀上有幾道白條紋。

牠轉了一圈，用眼睛打量著四周的看客。

林間空地上除了做看客的雛鳥，沒有別的角兒。

是開場的時候了。

求偶場所的主角再一次回頭看了看觀眾，然後曲頸俯首向著地面，並豎起了光亮的尾巴，斜伸著兩支翅膀。

牠喃喃自語，好像在說：「我要把大衣賣掉，買回一件外套，一件穿起來更舒服的外套。」

牠挺直了身子，又環顧了四周，然後叫了起來：「我要買回外套，一件更舒適的外套。」

篤！又一隻公黑琴雞降落在求偶場所。

篤！篤！篤！越來越多的主角登場了。

這些公黑琴雞們，將會有一場競爭。

你瞧瞧牠們，一個個氣勢洶洶的樣子，且都把羽毛豎起來。牠們把腦袋點地，尾巴像扇子一樣展開，同時嘴裡說著：

「丘——弗！丘——弗！」

這是挑戰的信號，誰願意接受挑戰，就主動迎上前來。

這時，另一隻公黑琴雞呼應：

「丘──弗！丘──弗！」

看樣子牠們倆將要決鬥了。同時，聚集了越來越多的公黑琴雞，牠們都擺著架子，站在那兒，等待挑戰。

雌黑琴雞此刻卻停在樹枝上，絲毫不露出對牠們的表演感興趣的表情。這些美麗的姑娘們正驕傲著呢！要知道，這是牠們的自豪，這場戲是為牠們而演。

公黑琴雞們都想在雌黑琴雞面前展示自己的剽悍和威力，所以那些膽小的公黑琴雞只好中途棄場了，牠們得不到雌黑琴雞的愛。

就在這時，決鬥開始了。

整個求偶場所，響起了牠們接連不斷的叫聲，大家嘴對著嘴，開始向對方啄去。

牠們怒不可遏，一個個揪住對方的羽毛、腦袋。

天漸漸地亮了，東方一片魚肚白。

在小雲杉樹叢之間，微微閃爍著金屬的光芒。

公黑琴雞們顧不上那些，每一隻都在想著如何對付對手。

求偶的場所離小樹林很近，牠們在和情敵較量著。失敗者只好逃走了，只有強悍的還在繼續決鬥。

「丘什！」

第二個情敵又來了，第三個也來了……

牠們用嘶啞的聲音狠狠地看著對方。

停在樹上的美女們伸長了脖子，顯然是對這場戲很感興趣。但牠們仍然在靜觀其變，以便挑選最中意的。

公黑琴雞們又繼續廝打，有兩隻翅膀啪啪地彼此碰響了，在空中交織在一起。

你看看牠們，有隻羽毛都折斷了，另外一隻眼睛上流著血，可仍然不甘休，非得要把對方擊退。

這些，令美女們看了惶恐不安，如果年老的戰勝了年輕的，那麼，結果就不很好了。

看看那邊，一隻年老的和年輕的正在打鬥，而且年老的那隻佔了上風。

美女們一個個都屏住呼吸，捏了一把汗。到最後，年輕的還是把年老的打敗了，美女們總算鬆了一口氣。

砰！一聲槍聲響了起來。

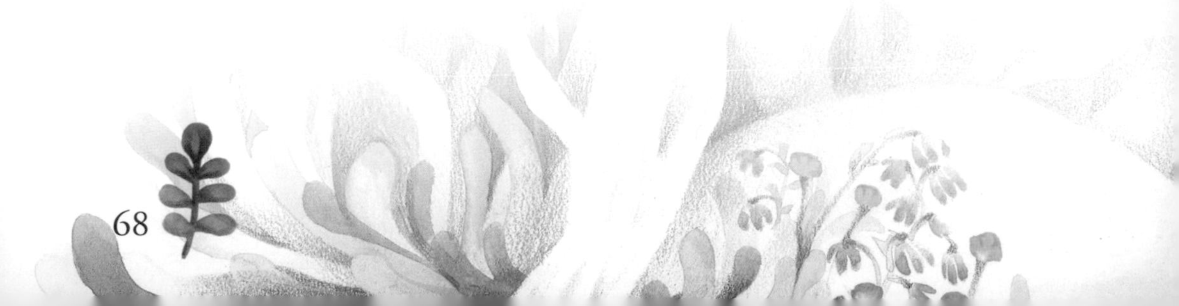

決鬥頓時中斷了，牠們一個個側耳傾聽，都很驚訝地站著不動，在奇怪，發生了什麼事呢！

許久沒有聲音，牠們又繼續決鬥。

然而，樹上的美女看見，一些中意的都倒在地上，死了！

難道是被對手打死了？美女們很失望。

決鬥還在進行，現在大家最感興趣的是，哪一隻才是勝出者？

當太陽冉冉升起，獵人走了出來，他撿起了已經戰死了的公黑琴雞，把牠們塞進胸口的袋子裡。

黑琴雞們看見獵人來了，一個個倉皇逃跑。

獵人拍了拍身上的灰塵，又撿了些在決鬥中犧牲的公黑琴雞，就回家了。

至於明天公黑琴雞們是否還繼續決戰，一切都來不及答覆，因為牠們之間的許多勇士已經喪生，連求偶的場所也被毀了。

來自四面八方的趣聞

注意，注意！

列寧格勒廣播電臺——《森林報》廣播。

今天，3 月 22 日，是春分，我們開闢來自蘇聯各地的無線電通報。

我們向四面八方的人們呼叫：請注意！

我們向凍土帶和原始林區，向草原和山區，向海洋和沙漠的人們呼叫：請注意！

請告訴我們：今天你們那裡發生了什麼事？

北極的無線電通報

我們這兒正在慶祝盛大的節日：在經過了漫長的黑夜之後，今天第一次見到了陽光！

今天是太陽在北冰洋上露出它邊緣的第一天——只露了個頭頂。幾分鐘後它又藏了起來。

兩天以後太陽已經會沿北極爬行了。

再過兩天它就會升起來，最終會整個脫離地平線。

現在我們有了自己短促的白晝，從早到晚一共不過一

個小時。不過，陽光在不斷地增加著，明天白晝會更長些，後天會繼續加長。

我們這兒海水和陸地都覆蓋著深深的積雪和厚厚的冰層。白熊在自己的冰窟窿裡睡覺。任何地方都看不到一絲新綠，也沒有鳥類，只有嚴寒和暴風雪。

中亞的無線電通報

我們已經完成馬鈴薯的種植，開始播種大面積的棉花。太陽烤得滿街塵土飛揚。桃樹、梨樹和蘋果樹正在開花。扁桃、杏、銀蓮花和風信子的花已經謝了。種植防護林帶的工作已經開始。

在我們這兒，越冬的烏鴉、寒鴉、白嘴鴉和雲雀正啟程飛向北方。

我們夏季的鳥類也來了，燕子、白腹雨燕已在飛翔，大野鴨已經在樹洞和土穴裡孵卵，小鴨已經在游泳了。

遠東的無線電通報

我們這兒的冬眠過去了，許多動物已經睡醒。像狗，這不是熊、旱獺或獾。

很多人奇怪，為什麼狗會冬眠呢？可是，在我們這兒，狗的確需要冬眠。牠們冬天要睡大覺呢！

這是一種特殊的狗，是野生狗。牠的個頭兒比狐狸還小，腿短短的，皮毛是棕色的，連耳朵都看不見。

牠爬進洞穴過冬，像許多動物一樣冬眠。現在牠們已經甦醒，開始捕捉老鼠和魚類。

牠的名字叫貉（ㄏㄜˊ），樣子像極了美洲的一種小熊——浣熊。

在我們南部沿海，一種扁平的魚——比目魚出現了，牠們開始產卵。在密林地區，老虎已經產下幼虎，小老虎也開始睜眼。

我們在等待從大洋進入內河的「過境」魚，當牠們經過時我們便可以捕撈，當做春天的食物。

西烏克蘭的無線電通報

我們正在種植小麥。

白鸛從南方飛來了，停在農舍的屋頂。牠們喜歡把樹條和枝葉拖到車輪上做窩，所以把舊的車輪搬上了屋頂。

蜜蜂開始出來了，養蜂人卻坐立不安，因為蜜蜂的天

敵——蜂虎鳥（食物主要是昆蟲，尤其愛吃黃蜂、蜜蜂）也來了，那些討厭的鳥兒，最喜歡把蜜蜂當成美味大餐吃掉。

苔原帶雅馬爾半島[1]的無線電通報

我們這兒還是嚴冬，並不見春的氣息。

一群鹿正在覓食，用蹄子扒開積雪，踩開冰層。

不久，烏鴉會飛來。據說，4 月 7 日的烏鴉節，我們這兒就算春天開始了。

因為我們的春天來得較晚些，所以，你們列寧格勒有白嘴鴉的時候，我們這兒壓根兒就見不到白嘴鴉。

原始森林帶諾沃西比爾斯克[2]的無線電通報

我們這兒大概和你們列寧格勒近郊一樣：因為你們也地處原始森林帶——針葉林和混合林帶，廣闊的原始森林地帶覆蓋著我們全國。

我們這兒夏天才有白嘴鴉，但春天是從寒鴉飛來算起

1. 雅馬爾半島：位於俄羅斯西伯利亞西北部，屬烏拉爾聯邦管區。
2. 諾沃西比爾斯克：Novosibirsk，即新西伯利亞城，亦稱：新羅西斯克，新西伯利亞州的首府。

的：寒鴉是離開我們這兒去過冬，到春天最先飛回這兒的鳥類。

我們這兒春天是和諧的季節，過得也快。

外貝加爾[3]草原的無線電通報

在我們這兒，羚羊、黃羊那些大脖子的動物已向南遷徙，牠們準備去蒙古。

對牠們來說，解凍的天氣是不祥之兆。因為白天融化的積雪到夜晚會變成冰，整個草原就像溜冰場，導致黃羊光滑的骨質蹄子在冰上打滑，四腿失去了控制能力。只有疾走如風，羚羊才能獲得救命的保障。

另外，在這些天氣裡，牠們會喪命於狼和其他猛獸之口！

高加索山區的無線電通報

我們這兒的春季到冬季是自下而上過渡的，也就是從山下慢慢過度到山上。

高山之巔大雪紛飛，而山下的谷地卻霪雨霏霏，溪水奔騰，最初的春季汛期開始了。河水喘息著從兩岸湧出，

滾滾濁流勢不可當地奔向大海，在自己前進的道路上把一切障礙掃蕩乾淨。

山下的谷地裡鮮花盛開，樹木長出了葉子。綠色植被一天天地沿著溫暖向陽的山坡向高處攀登。

跟隨著綠色植被的足跡，飛鳥紛至沓來，齧齒動物和食草動物也跟著向高處攀登。狐狸、狼、歐林貓[4]，甚至威脅人類的豹子，都在追逐著兔子、麅（ㄆㄠˊ）、鹿、山羊和山綿羊。

冬天正向山頂退卻，春天緊隨其後，步步逼近，和春一起上山的則是所有的生物。

北冰洋的無線電通報

沿洋面向我們漂來了浮冰，那是整塊整塊的冰原。冰上躺著海豹，一隻隻淺灰色的海洋獸類，牠們身體兩側顏色較深，這是格陵蘭母海豹。牠們在這兒的冰上直接產下自己白色的幼子。小海豹毛茸茸的，白得像雪一樣，鼻子

3. 外貝加爾，位於貝加爾湖以東。
4. 歐林貓，即歐洲野貓。

是黑的，眼睛也是黑的。

海豹崽兒還不能在水中待太久，大多數時間都在冰上，因為牠們不會游泳。

黑頭黑臉、身體兩側呈黑色的海豹也爬上了浮冰，牠們是老的格陵蘭公海豹。牠們身上正在褪換又短又硬的淺黃色的毛。

牠們也會在臥冰上漂流，直到換毛。

黑海的無線電通報

我們這兒沒有自己的海豹，見到海豹是非常難得的。牠們從水裡露一下脊背就會消失，牠們是經過博斯普魯斯海峽和地中海時，偶爾遊向我們的黑海豹。

不過，我們卻有另外的一種動物，牠是海豚，而且數量很多。在巴統市[5]近郊，此時正是捕獵海豚的好時節。

獵人們乘船出海，來到海鷗雲集的地方，那裡會有大量的海豚。在有小魚群出沒的地方，海豚就來了。

海豚喜歡嬉戲，喜歡在水面上打滾翻身，就如在草原上的馬兒一樣，非常活躍。牠們躍出水面，在空中翻跟斗。這時候，如果扛槍靠近牠們，牠們就會溜之大吉。

只有在牠們覓食，填飽肚子的時候，才可以靠近牠們。這樣，可以慢慢趨近到離牠們 10 至 15 公尺的地方，這時牠們不會快速地潛入海裡，而且打死的海豚不至於沉入水中找不到。

裏海的無線電通報

我們這兒北方還是冰雪覆蓋，所以那裡有很多海豹的棲息地。只是這裡的小海豹已經長大了，而且換上了毛，換上了深灰色的皮襖，以後要變成藍灰色的皮襖。母海豹已經越來越少地從往常出沒的圓圓的冰窟窿裡爬出來：這是牠們最後幾次給自己的孩子餵奶了。

母海豹也已開始換毛。牠們已經到了游向別的冰塊的時候，那裡有整群整群的公海豹，牠們在一起換毛。牠們身下的冰塊已在溶化，開裂。所以海豹們只好到岸邊，在淺沙灘和淺水灘等著把毛換好。

在我們這兒，有許多魚類，鱘魚、鯡魚、歐鰉和許多

5. 巴統（Batumi），位於黑海東岸，為喬治亞共和國的重要城市與海港，也是喬治亞的一個行政區阿查拉（Ajaria、Adzhariya、Adzarija）自治共和國首府，往南 15 公里即是土耳其。

別的魚，牠們密密麻麻地匯集在一起，要遊向伏爾加河和烏拉爾河河口。由於魚兒很多，這些遊歷的魚兒開始競渡了，牠們一群接一群地逆流而上，彼此推搡擠壓著，都想到那裡去產卵。

在這兩條河裡，是牠們嚮往的地方，起碼很溫暖，適合生產。

而此時，在伏爾加河、奧卡河、卡馬河、全烏拉爾河及其支流，漁民們準備了漁具，來撲捉這些爭先恐後的魚群。

波羅的海的無線電通報

我們這兒漁民們已準備好了，等待去捕撈鯡魚、黍鯡魚、鱈魚。在里加灣[6]和芬蘭灣，等冰塊消融的時候，就是逮捕這些魚類的好時節。

我們的港口也開始解凍了，船隻正從那裡啟程。貨船也開始從四面八方駛來。

冬季正在結束，波羅的海開始繁忙了。

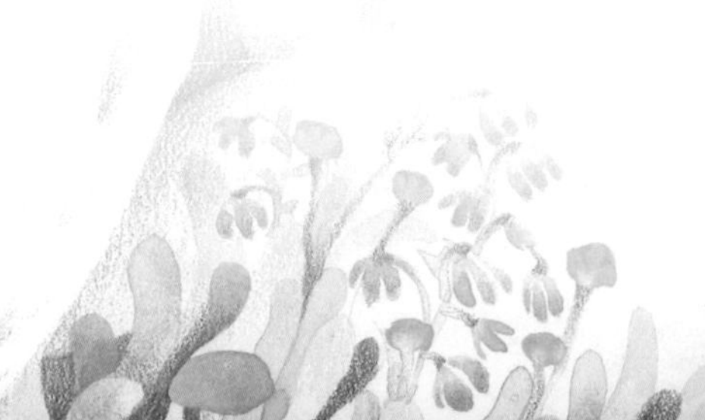

中亞沙漠的無線電通報

我們這兒春天是快樂的，天正下著雨，高溫還沒有到來。在這裡，沙漠到處都是，但因為春雨，冒出了一些小草。

灌木長出了葉子，沉睡的動物也甦醒了，牠們從地下走了出來。屎殼郎和象甲在飛舞，吉丁蟲爬滿了灌木叢，烏龜、蜥蜴、蛇、黃鼠、沙鼠和跳鼠到處活動。

在天空，黑色禿鷲成群結隊，等待著撲食下面的動物呢！

因為春光明媚，我們這兒的沙漠不能稱之為死亡之地，因為此時正有很多生氣蓬勃的生物在這裡活動！

我們的廣播就此結束，下一次將在 6 月 22 日開播。

6. 里加灣（Gulf of Rigas），位於拉脫維亞和愛沙尼亞之間，是波羅的海東部的一處海灣，兩海域之間隔著薩雷馬島。

TWO
候鳥歸來月
春季第 2 月

融雪的四月份

4月，是融雪的月份！

當一切還在沉睡，暖風就迎面而來了。天氣變得暖和了，大地開始欣欣向榮。

這是春季的第二月，泉水淙淙，魚兒在水面上跳躍。春姑娘正在忙碌著，她給大地披上了綠的衣裳，還要給大地做第二件事，那就是讓厚厚的冰面流淌出水來，以便它們融化，匯成小溪，小溪又奔向江河，最終奔向山谷間，灌溉農田。

大地得到了雪水的滋潤，一切是那麼的生機蓬勃。春姑娘可高興了。這時候，她環顧四周，看到森林還在沉睡。於是，春姑娘走過去，帶來了春天的恩惠。樹裡的漿汁開始流動，樹的枝頭露出了嫩芽。樹林裡的花兒也悄悄綻放，小枝頭也有蝴蝶、蜜蜂嬉鬧了。

候鳥歸來的大還鄉

鳥兒從過冬地起飛，一群一群地返回家鄉，牠們飛行的秩序井井有條，佇列整齊。今年，鳥兒一如既往地回到我們這裡，牠們還是遵守著自古就有的規律——沿著以往的路線飛行。

最先來到我們這裡的鳥兒，是去年秋天最後飛離這裡的，而最後飛回來的是最先離開這裡的。最後一批飛來的，是那些羽毛最漂亮的鳥兒——牠們在等著花兒完全盛開，因為光禿禿的地面和樹幹根本不能掩護牠們，牠們很快就會被大敵發現，遭到猛獸或者大鳥的襲擊。

飛經城市和列寧格勒區的海洋上空正好是鳥兒遷徙的必經之路，這條線路是「波羅的海空中航線」。這條航線的起點和終點是兩種截然不同的氣候地帶，起點是陰沉沉的北冰洋，終點是花繁葉茂的熱帶地區。無以計數的海鳥，排列著整齊的隊形，沿著古老的航線飛翔著。牠們順著非洲海岸飛行，途徑地中海，穿過庇里牛斯半島，飛過比斯開灣海岸，又經過北海和波羅的海。

一路上，牠們遇到了重重險阻，有時會被濃霧遮住雙眼，有時會碰到尖銳的岩石。

但這些候鳥們，仍然結成對，在天空中飛翔著。那些死去的夥伴就成了其他動物的美食了。

鳥兒們終於不畏艱險，到達了我們這裡。

幾乎每天，都會有大批的鳥飛來，牠們正在大返鄉呢！

誰也阻止不了牠們回家的心，雖然會遭到獵人的突襲，也有可能會因為饑餓和嚴寒而死去。

戴金屬腳環的鳥

在我們這裡，會有戴著金屬腳環的鳥，如果你抓住了，要記得看看牠腳環上的字母和號碼，讓牠重返大自然哦！

然後，寫一封信寄到「中央鳥類腳環佩戴中心」，地址是：莫斯科列寧大街 86 號樓 310 室，郵編：117313，同時要寫上鳥兒失落的位置。

這樣，你就會是一個受尊敬的愛鳥者！

要是你遇到了別人抓住或打死了這樣的鳥，請告訴他們正確的做法。

在腳環上，字母代表著國家的名字，以及是哪個科學

機構給這隻鳥戴上腳環的；字母後面的數字，代表著在什麼時候、什麼地點，給這隻鳥帶上腳環的。

這樣，才能瞭解鳥兒們神秘的生活方式。

打一個比方來說吧，如果在遙遠的北方給一隻鳥戴上了金屬腳環，那麼，就算那隻鳥飛到了美洲或者更遙遠的地方，若是被當地人發現牠的蹤跡，或是牠的腳環，那麼就能大概推測出牠的遷徙路徑了。

你是不是很好奇呢？

其實，鳥兒要到南方過冬，但並不是所有的鳥兒都會去南方過冬，有的會去西方、東方，甚至是北方過冬。用這種戴腳環的方法，就可以瞭解牠們一些尚不為人知的秘密。

森林裡的大事兒

城外的道路泥濘

城外的道路一片泥濘：林中和村裡的路上既行不得雪橇，又走不得馬車。我們好不容易才得到來自林區的消息。

漿果從雪底下鑽出來了

在林區沼澤上，積雪下面鑽出了紅莓苔子的漿果。鄉下的孩子們常去採摘，他們認為經冬的漿果比新長的更甜。

昆蟲過的節日

柳樹開花了，揮舞著它灰綠色的粗枝條，無數小蟲、蜜蜂、蝴蝶在四周飛來飛去。柳樹變得毛茸茸、輕飄飄的了，一副歡快的景象。

這時候，在它漂亮的叢林周圍，最熱鬧了！你看看那些昆蟲多麼快活，像在過昆蟲節。

熊蜂嗡嗡地飛著，蒼蠅無所事事地來回打轉，蜜蜂在採蜜。

那蝴蝶，扇動著鵰花般翅膀的黃蝴蝶是檸檬蝶，棕紅

色有大眼睛的是蕁麻蛺蝶。

還有，一隻長吻蛺蝶落在柳樹毛茸茸的小黃球上面了，用牠的翅膀遮住小黃球，把吸管深深地伸到雄蕊之間去尋找花蜜。

在這鮮豔快活的叢林旁，還有一簇樹，它也是柳樹，也開了花。不過，這棵柳樹卻不好看，渾身是一些灰綠色的小毛球兒。在小毛球的上面，也有昆蟲，只是不怎麼熱鬧。

柳樹的種子正在樹上結果，昆蟲已把黏糊糊的花粉，從小黃球上搬到灰綠色小毛球上來了。

不久之後，在每一個瓶子似的長長的雌蕊裡，都將結出種子來。

尼 · 巴甫洛娃

葇荑花序開花了

在彎彎曲曲的河岸，在水流動的溪邊，在林邊的空地上，葇荑花序開花了。它們不是開在剛剛解凍的地面，而是開在陽光暖暖的枝頭。

現在，榛樹和白楊樹的樹枝上，長滿了長長的、咖啡色的小穗子，它們讓樹木變得更加別緻。這種小穗子，就是葇荑花序。

不過，在去年它們就長出來了，在冬天的時候，呈現一種密實、靜止的狀態。現在它們可以舒展了，從而蓬鬆，也富有彈性。

如果這時推一下樹枝，那些黃色的花粉就會像煙霧一樣，飄飄蕩蕩地落下來。

在榛樹和白楊樹的樹枝上，除了會噴花粉的葇荑花序外，還有雌花。榛樹的雌花，苞蕾是粗壯的，從裡面長出粉色的細鬚，看上去像躲在裡面的昆蟲伸出來的觸鬚一樣，但實際上這是柱頭；白楊樹的雌花是褐色的小毛球兒。

每一朵雌花柱頭的數量不相等，有兩個的，也有三個的，甚至有五個的。

榛樹和白楊樹現在還沒長出葉子，風在樹枝間自由地飄蕩，吹得葇荑花序東倒西歪。

風把花粉捲起，從一顆樹帶到另一棵樹上去。粉紅色鬚子般的柱頭接住花粉，於是這些小花受精了，秋天的時候就會成為一顆顆帶有種子的黑色小毬果。

蛇曬太陽

每天早上，蝰（ㄎㄨㄟˊ）蛇都要爬到乾燥的樹墩上去，你知道牠去幹什麼嗎？哦，原來是去曬太陽。

牠緩慢地爬著，舉步維艱，因為在這樣的冷天裡，血都快凝成冰了。

牠在太陽底下曬了大半天，覺得暖和了，就準備去逮捕青蛙和老鼠。

螞蟻窩開始動起來了

在一棵雲杉樹底下，我們發現了一個大螞蟻窩。起初，我們認為，它是一堆垃圾，或者是一堆枯枝敗葉，反正無論如何也看不出它像個螞蟻窩。

但是，隨著冰雪的融化，螞蟻出來暖和身子了。在經過寒冬的長夢之後，牠們變得懶洋洋的，黑糊糊地黏在一團而且毫無生氣，躺在窩的上面。

我們用小棍兒輕輕地碰了碰牠們，牠們只是稍稍有了反應，開始些微地移動，似乎在向我們說，牠們還活著。

不過，牠們還很軟弱，連用刺激性蟻酸射擊我們的力量都沒有。

幾天之後，牠們就能像原來一樣，開始忙碌地活動了。

誰還醒過來了

醒過來的還有蝙蝠和各種甲蟲。

叩頭蟲伸個懶腰，當被仰面朝天放著時，就會表演牠暈頭轉向的把戲，你看看牠，把頭「吧嗒」一點，蹦得高高的，在空中翻跟頭，而落到地上時，卻站得好好的。

還有蒲公英開花了，白樺樹被綠色的霧籠罩了起來，眼看也要吐芽了。

第一場雨過後，從土裡鑽出了粉紅色的蚯蚓，也出現了羊肚菌、編笠蕈等新生的蘑菇。

池塘裡出現了生機

池塘裡有生機了，青蛙離開了淤泥裡的床鋪，產了卵，從水裡跳上了岸。

蠑螈呢，牠要從岸上回到水裡。這是為什麼呢？因為蠑螈是橙黑色的，有條大尾巴，冬天時牠們來到森林裡過冬，躲在潮濕的青苔裡睡覺，現在冬眠過了，牠們要返回池塘。

還有癩蛤蟆也醒了過來，也產了卵。

這樣一來，就很難分辨青蛙卵和癩蛤蟆的卵了。那些像一團團膠凍似的漂在水裡，上面盡是一些小泡泡，每個小泡泡裡面有圓圓的黑點的是青蛙卵；那些有一條細帶子連起來，連成一串串，附著在水底的草上的是癩蛤蟆卵。

森林中的清潔工

冬的嚴寒會不期而至，一些沒有防範的鳥類、野獸等沒有來得及適應，就已經被凍死了。冰雪把牠們覆蓋了起來。

到了春天，雪融化後，牠們又重新露出了地面。牠們不會在那裡躺很久，因為這時候，森林中的清潔工，如狼呀、虎呀、熊呀，會把牠們清理得乾淨，從而那一片地方又重現往日的生機。

它們是春花嗎

現在，有很多植物，如三色堇、薺菜、遏藍菜〔遏藍菜，又名敗醬草、菥蓂（ㄒㄧ ㄇㄧㄥˊ）〕、蓼、歐洲野菊等，開始開花了。

在這兒，雪花蓮（又名小雪鍾、鈴花水仙、待雪草，是春天來臨時最早開花的球根花卉）開花的時候，你會看到它最先探出綠色的梗，然後用盡力氣把腰伸出來。於是，小花就出現了。

不過，不要認為，這些草和雪花蓮一樣，是從地下鑽出來的哦！

三色堇、薺菜、遏藍菜、蓼、歐洲野菊從不躲起來過冬，它們面對嚴寒時毫不畏懼，將花枝全部展現在冷風面前。等到天空開始湛藍的時候，也就是春天了，它們就醒了過來，花和蓓蕾顯現出活潑和生機。

上次看到的那些蓓蕾，還是在去年秋天快要結束的時候留下的。現在它們都變成了花朵，在微風中搖曳著呢。

你覺得，它們算是春花嗎？

白寒鴉

在小雅爾切克村的小學附近，生活著一隻白寒鴉。牠和普通的寒鴉一起住，一起飛。

村裡的人們以前都沒有見過這種白寒鴉，這裡的小學生們更不明白，為什麼只有一隻白色的寒鴉呢？

森林通訊員 波良・西尼采娜、葛拉・馬斯羅夫

編輯部的說明

這是特殊的現象，普通的鳥和野獸偶爾會生下渾身白色的寶寶。

科學研究表明，這叫做黑色素缺乏症。

這種病症有兩種情況，一種是全白色的，另一種不是全白色的，也就是有一部分被白色覆蓋著。

在牠們的身體內缺少染色體，也就是缺少色素，那種能把羽毛和獸毛染上顏色的物質。

在我們的家禽和家畜裡面，這種黑色素缺乏症就很普遍了，例如，你可以經常看到白家兔、白公雞、白老鼠、白羊等等。

生這種病的，一般活下來不容易，因為，在牠們很小的時候，就會被父母歧視甚至會被弄死。牠們好不容易活了下來，還要被同類們所嫌棄甚至是迫害。就算牠們的親人有時候善良，接受了牠們，讓牠們和隊伍一起生活，但像那隻白寒鴉，牠的命運是很悲慘的！說不定那一天就被天敵看到，從而命喪黃泉，因為牠們實在是太顯眼了。

會飛的松鼠

林子裡啄木鳥大聲叫了起來。叫聲是如此之大，所以我立刻知道啄木鳥有難了。

我穿過密林，看到林間空地上有一棵枯樹，樹上有一個規規整整的小洞，那裡是啄木鳥的窩。一隻從未見過的小獸正沿樹幹向洞口爬去，我看不出這是什麼獸。牠毛色灰灰的，尾巴不長，也不蓬鬆，整個耳朵又小又圓，像個頭極小的熊崽子，眼睛像鳥眼：大大的，鼓鼓的。

小獸爬到了洞邊，開始往樹洞裡張望：顯然牠想吃一頓鳥蛋大餐了……啄木鳥馬上向牠撲去！小獸一下子溜到了樹幹後面。啄木鳥趕過去追牠。小獸繞著樹幹做螺旋狀爬行。啄木鳥也跟著繞著樹幹轉。

小獸越爬越高，再往上就沒了去處：樹幹到頭了！可是啄木鳥卻用喙去啄牠！小獸猛然一下跳離了樹木，便在空中滑翔起來！

牠張開四肢，像一片秋季墜落的楓葉一樣在空中飄蕩。牠輕輕地左右搖晃著，用尾巴掌握著方向，越過林間空地，降落到一根樹枝上。

這時我才弄明白，這是飛鼠，一種會飛的松鼠！牠身

體的兩側有折疊的皮膜。張開四肢時，便把折疊的皮膜張開，可以在空中滑翔。牠是我們森林裡的跳傘運動員！只可惜很少能見到牠。

飛鳥帶來的緊急信函

水災

春天，是萬物復甦的季節，但也是多災多難的季節，這時候，冰雪正在消融，河水開始上漲。於是小河兩岸，鄉村裡，道路旁，已是洪水漫天了。

各處都有動物們受災的新聞報導。在這些遭殃的小動物們中，被水災害最慘的是那些生活在地下的小動物。兔子、鼴鼠、田鼠、野鼠，牠們此刻會很懊惱，老天真的是不長眼啊，讓牠們瞬間成了無家可歸、流浪的孩子。

每一種動物在遇到水災時都會設法拯救自己。像小鼩（ㄑㄩˊ）鼠，牠會迅速地從洞裡跳出來，然後爬上灌木叢，濕漉漉、可憐巴巴地待在那兒，牠在等待著水災的退去，加上四下裡找不到食物，牠是多麼難受啊！

還有鼴鼠，在水災來臨時，牠會從地下爬出來，跳進

水中，去尋找乾燥的地方。

鼴鼠是一個很出名的游泳專家，牠游了好遠，爬到了岸上。幸虧沒有遇到猛禽，不然就小命難保了。

鼴鼠上岸後，見到了土地，牠放下心來，開始挖個新家，水災對牠來說已經沒有多大的影響了。

樹上待著的兔子

兔子這邊發生了什麼事？

這隻兔子住在河中心的一個小島上。白天的時候，牠躲在灌木叢中，夜晚的時候出來覓食。小楊樹的樹皮又鮮又嫩，好吃極了。而且，這時候出來也比較安全，狐狸和人是不會發現牠的。

這隻兔子太幼小了，還不太聰明呢。

牠根本沒有注意到，河水已經把冰塊都沖到小島上來了。

這天，小兔子還在灌木叢裡睡覺，太陽暖和和的，牠根本沒有發現，大水就要來了。直到牠感覺身上的毛都濕了，牠才醒來。

牠跳了起來，天哪，周圍全是水。

大水已經漫上來了，淹沒了牠的爪子。兔子趕忙向小島中間跑，那裡還是乾的。

但是，河裡的水上漲得很快，小島也變得越來越小。兔子從這頭跑到那一頭。牠看到，整個小島都快要沉下去了。可是，牠又不能跳到寒冷的、波濤洶湧的水裡面。這麼寬的河，牠無論如何也遊不到另外一片乾地上去呀！

就這樣，整整一天一夜過去了。

第二天上午，小島的大部分已經浸在水中了。只有一小塊地方還是乾的，那裡長了一棵大樹，樹幹很粗，而且有很多樹杈，這隻嚇壞了的小兔子，只好繞著樹幹亂跑。

第三天，水已經漫到了樹根前。小兔子開始拼命地向上跳，但每次都「撲通」一聲掉到水裡。

最後，牠終於成功地跳到最下面的一根樹杈上。小兔子害怕地待在那裡，等待大水的退去。幸好河水不再漲了。

牠有很多擔心啊，不是因為自己會餓死，因為牠會用老樹的樹皮充饑，雖然又硬又澀。牠擔心的是大風，大風搖晃著樹， 差點兒將牠從樹枝上搖下來。

小兔子像船上的水手，刮大風時隨著樹枝一起劇烈地擺動。

河水又冰又急，裡面流淌著木頭、麥秸、動物的屍體，它們從兔子的腳下經過。

小兔子嚇呆了，因為牠看到了另一隻死去的兔子仰著身子，順著河水漂了過來，那隻死兔子已經很僵硬了。

在樹上待了三天後，大水退去了，小兔子終於可以跳下來。

松鼠跳上船了

在水面上，漁夫佈下了漁網，他划著小船，在灌木叢中穿行。

忽然，他發現了一個奇怪的東西，那東西是棕紅色的，而且會移動。

漁夫很好奇，他小心翼翼地划過去，那隻小東西「忽」的一下跳到船上來了。

漁夫這才發現，那是隻小松鼠，渾身濕淋淋、毛蓬蓬的松鼠呀！

漁夫可憐牠，把牠帶到了岸邊，小松鼠上岸後，蹦蹦跳跳地往森林去了。

至於松鼠是怎麼來到灌木叢中的，牠又在那裡待了多

長時間，很少有人會知道。

鳥類日子不好過

在水災的時候，對於長翅膀的鳥類來說，日子也很不好過。

此時，牠們正深受其害。

像淡黃色的鵐鳥，牠們在河岸邊做了一個巢，也已經在那裡產下了蛋，當大水來臨的時候，牠的巢被沖壞了，蛋也不知去向，現在牠不得不重新做巢生蛋了。

沙錐坐在樹上煩躁不安，牠在等待著大水的退去啊！沙錐是一種鷸鳥，牠有著長長的嘴巴，在平常，牠可以把嘴插到軟軟的泥土裡，去尋找蟲兒。牠的雙腿站在地上習慣了，現在要飛上枝頭，真的是彆扭啊！可是，牠不能離開，只能在樹上來回踱步，看樣子，牠真的是很著急！

牠也想到別的地方去生存，不過，其他的地方都被牠的同伴們佔領了，牠只有在這裡繼續苦等，否則水退去後，這一片地方就有可能是其他沙錐的家了。

想像不到的獵物

在森林深處，有一次，我們的森林通訊員——獵人，發現了一群野鴨，這些野生的鴨子正在灌木叢後面的水面上自由地划行巡航。

獵人穿著長筒膠靴，悄悄地接近牠們，湖水也開始淹沒了他的膝蓋。

這時候，他看到了一個灰不溜丟的傢伙，正挺著光溜溜的脊背在淺水裡來回折騰。牠是什麼呢？獵人沒有多想，對著牠連開數槍。

灌木叢後面激起了一層浪花，野鴨們聽到，一個個都飛走了。過了好一會兒，才漸漸地趨於平靜。獵人走過去一看，原來是一條梭魚，足足有一公尺半長。

獵人大為驚喜。要知道，在這樣的季節裡能逮捕到梭魚是很難得的。梭魚在這時候會來到水溫較溫暖的地方產卵，獵人抓住了這一機會，可以高興地提著一條大梭魚回家。

但獵人並不知道，法律是禁止用槍射擊到岸邊產卵的魚的，因為他當時也不清楚目標，不然，他不會這麼做的。

漂浮著的冰塊

在小河的上面，到冬天的時候，會結一層厚厚的冰，農場員工常常駕著雪橇在這條「冰路」上行駛。但到了春天的時候，冰開始裂了，「冰路」也變成了水路。但是，有一大塊冰，沿著水流向下漂去。

在這塊冰上遍佈著馬糞、車轍、馬蹄印，甚至還有一根釘馬蹄用的釘子。

它在河水裡慢悠悠地漂浮著，從岸上飛來一些白色的小鶺鴒，牠們降落到冰塊上，捉上面的蟲子。

後來，河水漫上了岸，冰塊被沖到了草地山。魚兒在被淹沒的草地上面跳躍著，繞著冰塊轉來轉去。

有一次，冰塊附近來了一隻黑色的鼴鼠，牠費了好大的力氣才爬上了冰塊。大水淹沒草場的時候，牠正在地下，現在冰塊的邊緣被一座小山丘擋住了，鼴鼠趁這個機會跳上小山丘，然後挖了一個洞，鑽了進去。

冰塊繼續在水中漂浮著，它最後漂到了一片樹林裡，被一個樹墩阻住了。樹墩邊那些逃命的小傢伙，如老鼠、小兔子，瞬間擠滿了冰塊。牠們緊緊地挨在一起，又驚又怕，希望冰塊能把牠們帶到安全的地方。

終於，水退了，太陽炙烤著大地，冰塊也越來越小，最後完全消失了。所剩下的是那根釘子還平靜地躺在木墩上，動物們早已經跳到了地上，四散著跑開了。

河裡的木材

小河裡，漂浮著木材，人們正用流水輸送這些砍下來的木材。一根根的木頭流到一個堤堰，人們將它們集結編成木筏，然後繼續向下漂送。

在列寧格勒省的偏僻森林裡，就有幾百條這樣的小河，它們不少是流入姆斯塔河（Msta River），姆斯塔河會流入伊爾門湖（Lake Ilmen），然後流過寬廣的伏爾霍夫河（Volkhov River），再流入拉多加湖（Lake Ladoga），從拉多加湖又流向涅瓦河（Neva River）。

冬天，伐木工人在偏僻的森林裡砍伐木材，到了春天，就把它們運到小河裡去。那些不會動彈的木材，就會順著水上的小徑、小路和大路開始旅行了。有時候，樹幹裡也會住著其他動物，這些動物會被同時運送。

木筏工人時常可以看到這樣的場景，有一隻松鼠，坐在林中小河邊的一個樹墩上，兩支前爪捧著一個大松果在

啃。忽然，從樹林裡跑出一隻大狗，汪汪地叫著，向松鼠撲去。本來松鼠可以逃到樹上去的，可是附近連一棵樹也沒有。松鼠把松果一丟，毛蓬蓬的大尾巴翹在背上，蹦蹦跳跳，向小河邊竄去。狗跟在後面緊追著。當時，河裡正密密麻麻地浮著木材。松鼠跳上離岸最近的那根木頭，再跳上第二根，然後跳上第三根。狗冒冒失失地跟著跳上木頭。可是狗腿又長又直，怎麼能在一根根圓木頭上跳呢？圓木頭在水面上打滾兒。狗的後腿一滑，前腿也跟著一滑，狗就掉在水裡了。這時河面又浮來一大批木材。一轉眼的工夫，狗就不見了。

那隻小松鼠見狗走了，有時會回來拿牠的松果，有時則躍過一根根的圓木躥到對岸去。

還有，木頭上有時會出現一隻野獸，有兩隻貓那麼大。它趴在一根單獨漂浮著的大木頭上，嘴裡銜著大鯿魚，這是一隻水獺。

冬季裡魚兒幹了些什麼

冬季魚兒也睡覺了。

擬鯉魚、圓腹雅羅魚、紅眼魚（鯉科，與湖擬鯉類似）、雅羅魚（鯉科，俗稱江魚、滑魚）、赤梢魚（鯉科，俗稱紅尾巴梢、尖嘴）、圓鰭雅羅魚、梅花鱸（河鱸科，分布於歐亞大陸）和梭子魚（為肉食性的兇猛魚類，在中國稱白斑狗魚）都大群大群地聚集在最深的地方過冬。野鯉魚和歐鯿魚（鯉科的魚類，主要分布於歐洲及裏海、鹹海等地）藏身在長滿蘆葦的水灣。

鮈魚和歐鮐魚（一種鯉科魚類）睡在水底沙灘的坑裡。

鯽魚鑽進淤泥裡過冬。

在極其寒冷的天氣，在冰上沒有出氣孔的地方，你要把冰砍出個窟窿，因為空氣不足魚兒會悶死。

魚類過完冬天甦醒以後，就從藏身的坑中出來，進入產卵期：把卵撒到水裡。

祝鉤鉤不落空

古時候有一種挺可笑的習俗——每逢獵人出去打獵的時候，別人總是跟他說：「祝你連根鳥毛也撈取不到！」（古時候，俄國人迷信，怕說了吉祥話會招鬼嫉妒而倒楣，所以故意對出發去打獵的獵人說不吉祥的話。）不過，對出發去釣魚的人，卻相反地說：「祝你鉤鉤不落空！」

在我們的讀者裡面，也有不少愛釣魚的人。我們不僅想祝他們釣魚的時候稱心應手，而且還準備用忠告來幫助他們，告訴他們：什麼魚什麼時候在什麼地方容易上鉤。

河開始解凍後，可以立刻開始用蚯蚓釣山鯰魚，把食餌垂到河底。池塘裡和湖裡的冰一融化，就可以開始釣銅色鮭魚。

銅色鮭魚喜歡藏在岸邊去年的草叢裡。再過一些的時候，就可以捕捉小鯉魚了。水變清後，開始用漁網撈大魚、用釣鉤釣小魚。

著名的蘇聯捕漁業專家庫尼洛夫說過這樣的話：「釣魚的人應該研究魚類在春、夏、秋、冬的各種天氣條件下的生活習性，這樣，當他來到河邊或湖邊的時候，才能正確地選擇到釣魚的好地方。」

等到春水退下去，露出河岸，水也變清的時候，開始釣梭魚、硬鰭魚、鯉魚和鱖魚（肉食性，俗稱花鯽魚、桂魚、桂花魚、季花魚等。），可以在以下這些地方釣：小河口和天然的水道裡；淺灘和石灘旁；陡岸和深灣旁，特別是在岸邊有淹在水裡的喬木和灌木的地方；在風平浪靜、魚鉤可以拋到水當中的窄河區；在橋墩下、小船或木排上；在水磨坊的堤上——不論是從深水裡，還是從岸邊樹叢下的淺水裡，都可以釣。

庫尼洛夫說：「適用於釣各種魚的、帶浮標的釣魚竿，從初春到深秋都可以用，無論在什麼地方釣魚都可以用。」

從 5 月中旬起，可以用紅蟲子從湖水和池塘裡釣冬穴魚；再晚一些，釣斜齒鯿、鱖魚和鯽魚的時候就開始了。最適於釣魚的地方是：岸邊的草叢旁、灌木旁和 1.5 公尺到 3 公尺深的河灣。不要老待在一個地方釣，如果沒有魚上鉤了，應該到另一叢灌木旁，或者蘆葦邊、牛蒡邊的空隙中去。坐在小船上釣，會更方便些。

等到湖水平靜的時候，便可以從岸上釣魚了。在這種風平浪靜的地方，有些角落像陡峭的岸邊、水中有殘株樹叢的河心裡的小坑旁、岸邊有雜草和蘆葦的小河灣上最適合釣魚了。

不過，這種小河灣和樹叢旁不容易到達，因為周圍有水。不想方設法踩著草墩，或者穿高統靴過去，就釣不到。在這些地方，經常可以找到魚，而且通常能夠釣到魚。

在釣魚時，大鯉魚要用豌豆、蚯蚓或蚱蜢做誘餌，用普通的魚竿就可以把牠們釣上岸。從 5 月中旬到 9 月中旬，都可以釣到大鯉魚。

另外，想釣到淡水鱖，應該去淡水鱖出沒的地方，像大坑、河水曲折處的湍流旁，堤壩和石灘下，叢林中小河比較寬的地方。在這些地方，堆滿了樹木，有幾種鱖魚喜歡在這些地方出沒，對於小鯉魚和不太大的魚，要在離岸不遠的淺水激流中去釣，因為那些地方才是牠們的天地。

雲杉地盤的爭戰

森林裡，地盤的爭戰一直在延續著。我們《森林報》派出了幾名記者去軍事前線採訪。

一開始，記者來到了老雲杉的林裡。在這裡，每棵老雲杉個頭都很大，有的有電線杆那麼高，有的高過三根電線杆。

在這些地方，顯得陰森恐怖。老戰士們僵直地待在那兒，好像在發愁。它們的樹幹從上到下都是光禿禿的，只是有些樹枝會翹出來，不過顯得蒼涼而又蒼老。

這些雲杉伸出了它們的爪子，相互纏繞著，形成一個巨大的屏障。陽光很難照進底層，在屏障下面像黑洞一樣，漆黑沉悶。在這裡，可以聞到樹枝的味道，夾雜著潮濕、腐爛的氣息。偶爾可以看到一些新生的小植物，但因為陽光不足，很快就枯萎死掉了。只有地面上的灰蘚對這種環境非常滿足，它們在吮吸著樹漿，美滋滋地聚集在爭戰中死去的老雲杉身上。

當然，這裡很少有野獸，也難聽到小鳥的聲音。我們的記者，在雲杉林裡待了很久之後，才看到了一種貓頭鷹。不過，這隻貓頭鷹不是故意來這裡的，因為外面的陽光太強烈，牠躲在這裡是怕見著太陽呢！

我們的腳步聲驚醒了牠，牠顯然很生氣，顫動著羽毛和鬍子，嘴巴一張一合，彷彿在驅趕我們的記者。

在無風的時候，這裡就顯得很寧靜，可以用悄無聲息來形容。當微風掃過，這些高大的傢伙會發出沙沙的聲音。

在老雲杉樹林裡，它們的力氣都很大，不容別人干涉。

從這裡出來之後，我們的記者來到了白樺林和白楊樹的國度。在這地方，白色的是白樺樹，銀色的是白楊樹。它們都長著綠色的鬢角，發出一些聲音，好像是在歡迎客人的到來。

數不清的鳥兒在其中歌唱，太陽穿過樹頂的綠葉灑下來。空氣中有很多顏色，還劃過一道光痕，像金色的小蛇、柔和的月亮。

地面上有矮小的草兒，它們在大樹的庇護下，安然地生長著。老鼠、刺蝟和兔子可以在這裡看到。

這是一個喧嘩的地方，尤其是颳風的時候，微風吹過，好像有人在說話。

同時，它們四周有一條河，河對面卻是荒漠，荒漠那邊是伐木場，冬天的時候，人們在那兒砍木頭，所以會顯得很淒涼。

我們編輯部知道，當雪從森林裡退去的時候，荒漠就不是荒漠了，就會變成一個戰場。

林木部落的聚居地越來越擠，剛剛還是一片新空地，現在卻可能被其他人攻佔了，成了它們的地盤。

我們的記者，記下了這些瞬間。

有一天，忽然從遠方傳來了好像手槍對射的聲音。記者慌忙跑過去看，原來，是雲杉種族開始進攻了。

它們去搶佔剛空出來的空地，太陽炙烤著它們的大毬果，發出劈劈啪啪的聲音，毬果一個接一個地裂開了。在每次裂開的時候，都會發出「砰」的聲音，像槍聲一樣。

毬果厚厚的鱗片越鼓越大，爆開很容易，也飛出了很多種子。毬果就像軍事基地，大門一開，一群小滑翔機一樣的種子就衝了出來。風托住了它們，一會兒把它們吹得很高，又一會兒把它們盪得很低，它們在空中飄著。

每棵雲杉樹上都有許多毬果，無數的種子在空中飛舞，這場景很壯觀！

但是，幾天後，一場狂風吹了過來，寒冷襲擊了它們，它們差一點兒沒被凍死。直到一場春雨來臨，大地變鬆軟了，這些種子才有了安身之地。

再過一個月，就差不多是夏季了。雲杉部落正在慶祝著愉快的節日，有些樹枝上點起了像紅蠟燭一樣的年輕的毬果，另一些稍微晚一些的是綠色的毬果。

雲杉開始換裝了，墨綠色的針葉形樹葉上，綴滿了金黃色的花絮。原來，雲杉開花了，它們在偷偷地準備著明年需要的種子。

而那些掉落地上的種子，已經躺在溫暖的春泥裡。它們現在已不能再叫種子，而應該叫做小樹苗了，因為它們就要破土而出，然後抽枝、發芽。

我們《森林報》的記者認為，新的土地會被雲杉部落佔領，另外一些部落錯過了這些機會。

爭戰還在繼續。

下一期《森林報》出版的時候，將會告訴你們最新的報導。

農莊裡的事兒

積雪融化了，集體農莊的莊員們開著拖拉機到了田地裡。拖拉機耕地、耙地，假如給拖拉機裝上鋼鐵的爪子，它還能把樹墩連根拔出來，給田野清理出新的土地。

在拖拉機的後面，藍黑色的白嘴鴉、灰色的烏鴉務實地雙腳交替地跨步走著，兩肋呈白色的喜鵲跳躍著：犁和耙從地裡翻出了蚯蚓、甲蟲和牠們的幼蟲，這可是鳥類喜愛的小吃。

土地耕過、耙過以後，拖拉機就帶著播種機在地裡走了。從播種機裡均勻地播撒出一顆顆精選過的種子。

我們這裡最先播種的是亞麻，然後是小麥，接著是燕麥和大麥，這些都是春播的糧食作物。

而秋播的糧食作物有，黑麥和冬小麥，它們在秋季播的種，長出了苗，在雪底下過冬後，現在正迅速地長個兒，現在它們都長到 2 公尺高了。

在清晨和傍晚，若來到綠蔭叢中，可以聽到「契爾——維克！契爾——維克！」的鳴叫，牠們不是蟈蟈，而是田野裡的公雞——灰色的山鶉。牠們一身灰色，還夾雜著白色花紋，牠們的頸部和兩頰是橙黃色的，眉毛是紅色的，腳是黃色的。

在另一個地方，雌山鶉已在那裡築巢了。

草場上草兒開始發綠，當天放亮的時候，可以看到孩子們趕著馬、羊、牛在草場上吃青草呢！在馬背和牛背身上，則能發現寒鴉和椋鳥。寒鴉和椋鳥在上面一啄，再啄！這是怎麼一回事呢？原來，寒鴉和椋鳥的重量不重，能給馬和牛帶來好處。例如，啄出牛虻的幼蟲，還有蒼蠅產在擦破、受傷皮膚上的蠅卵。

牠們是「互利互惠」的！

胖熊蜂開始甦醒，在嗡嗡地叫著，瘦黃蜂在飛舞，渾身亮晶晶，蜜蜂也開始登場了。

莊員們把蜂箱取出來，放到養蜂場。金色翅膀的小蜜蜂從中爬出來，在陽光下停了一會兒，等身上曬暖和了，就會舒展身子，去採集甜蜜的液汁，蜂蜜也在不久之後會出現。

農莊裡的植樹工作

我們州的集體農莊，春季要種植幾千公頃的森林。在許多地方每年要儲備面積達 10 ～ 15 公頃的苗木圃。

馬鈴薯的節日

如果馬鈴薯能唱歌，那麼就可以聽到全世界最快樂的聲音了。

今天，對馬鈴薯來說可是一個大節日，人們把它們輕輕地放到箱子裡，又把箱了放到車上，運到田地裡。

為什麼要這麼小心呢？為什麼用箱子運輸，而不用麻袋呢？

農莊快訊

新城市

昨天晚上，一座新的城市誕生了，它就坐落在果園旁邊。城市裡，所有的房屋都是標準化的。據說，這些房子不是一點點建設起來的，而是人們用擔架運來的。城市的居民遇到了一個溫暖的日子，大家都歡快地出來散步了。牠們繞著自己的屋頂盤旋著，熟悉著新的環境。

因為這些馬鈴薯們發芽了，你看那些嫩芽多奇妙。它們肥厚的根連在母體上，上面還長出了許多白色的小包，眼看就要冒出尖來了。在嫩芽的上面尖尖的，是已經長出來的嫩葉。

神秘的坑

從秋天起，我們就開始在校園周圍挖坑。大家都很奇怪，這是幹嘛用的呀？後來，經常有青蛙掉到裡面去。於是，同學們就想：這可能是專門逮青蛙用的吧！

現在就連青蛙也知道了：這些坑是用來栽果樹的。

孩子們在每個坑裡都栽上了樹，有蘋果樹、梨樹、櫻桃樹，還有李子樹。

他們又在每個坑裡都立了一根木樁，小心翼翼地把小樹苗綁在木樁上。

修甲師

集體農莊的修甲師，正在給牛修「指甲」。他們把牛四隻腳上的蹄子都刷乾淨、修好，不久這些牛要到牧場上去，所以牠們的「指甲」要被修得好好的。

開始幹農活了

在田地裡，拖拉機日夜轟鳴著。夜裡，拖拉機單獨工作，早上就不是了，每臺拖拉機後面都跟著一群寒鴉。寒鴉忙得團團轉，但還是來不及吃完剛剛翻出來的濕潤美味的蚯蚓。

在江河和湖泊附近，拖拉機後面跟著的就不是黑色的寒鴉了，而是一群白色的鷗鳥，因為鷗鳥也喜歡吃土地翻出來的甲蟲幼蟲。

奇特的幼芽

在有些黑果茶藨（ㄅㄧㄠ）子的灌木叢上能見到一些奇特的幼芽，它們很大，滾圓滾圓的。其中有些芽已經張開了，像一棵棵極小的圓白菜。

如果通過放大鏡觀察這些幼芽的內部，可以看到一些令人發毛的小東西在蠕動。牠們弓著身子，用腳向前爬著，小觸鬚在動，膽小的人可能會害怕牠呢！

原來，這是蟎蟲，牠們在裡面過冬。蟎蟲是黑果茶藨子的死敵，牠們毀了幼芽還使灌木傳染上疾病，使得它不會再結漿果。

要是灌木叢上膨脹起來的幼芽不很多，就應該儘快將這些幼芽清除燒掉，因為當蟎蟲擴散的時候，灌木就開始危險了，到最後整叢都可能被消滅。

都市快訊

植樹周

雪早就融化了，大地解凍了。城市和省區裡開始了植樹周。春天植樹的日子，稱為植樹節。

在學校裡、花園裡、公園裡、房子附近、路上，到處都能看到孩子們忙忙碌碌的身影，他們正在準備植樹。

涅瓦區的少年自然科學家試驗站準備了幾萬棵果樹樹苗。

林木培育場把兩萬棵雲杉、白楊和槭樹的樹苗，分給了海濱區的各所學校。

順利的空運

「五一」農莊裡空運來了一批幼魚——1歲的鯉魚。牠們被裝在矮矮的木箱裡用飛機運來。儘管魚兒不宜在天空飛行，牠們卻都活著，健健康康，而且已經在農莊的魚池裡快樂地玩耍了。

種子儲蓄罐

在一望無際的田野上，為了防止風沙的侵害，最需要的是建造防護林。學校裡的孩子們知道這件大事，就開始種植防風林帶。

在六年級的教室裡，出現了一只大罐——種子儲蓄罐。罐裡投入楓樹籽、白樺樹柔荑花序、結實的栗殼色橡子……孩子把種子裝在桶裡帶來，比如維佳・托爾加喬夫，光榛子就收集了10公斤。

等到秋天時，種子儲蓄罐就被裝滿了。我們將這些種子收集起來，為新苗木圃的開闢打下了基礎。

在公園和花園裡

透明的綠色輕煙猶如呼出的輕盈熱氣包裹著樹木。當樹葉剛開始展開，它就消散了。

大而美麗的長吻蛺蝶出現了，牠全身都呈柔滑的咖啡色，帶有藍色的花斑，翅膀末端的顏色變淺、變白。

又飛來一隻有趣的蝴蝶，牠像蕁麻蛺蝶，但比牠小，色彩沒那麼鮮豔，咖啡色沒那麼深。翅膀破碎得很厲害，彷彿邊緣被撕破了一樣。

這時，如果你抓過來仔細觀察，會發現牠的翅膀下有一個白色的字母C，可以認為有人故意用這個字母為牠做了記號。

這些蝴蝶的學名便是「白色C」（C紋蛺蝶）。

不久，其他的粉蝶也出現了，像甘藍菜粉蝶、白菜粉蝶。

7. 即八目鰻，學名七鰓鰻，嘴呈圓筒形，沒有上下齶，口內有鋒利的牙齒，為肉食性魚類，主食腐魚；但牠既營寄生生活，又營獨立生活，經常用嘴吸附在其他魚體上，用吸盤內和舌上的角質齒銼破魚體，吸食其血與肉，有時被吸食之魚最後只剩骨架。營獨立生活時，則以浮游動物為食。仔鰻期以腐植碎片和絲狀藻類為食。生殖時期的成魚停止攝食。

七星子[7]

從我國西部邊境一直到薩哈林（俄羅斯遠東地區的薩哈林州，包括薩哈林島，即庫頁島，和千島群島）的所有湖泊河流裡，都生活著一種奇特的魚。牠們像蛇一樣，身子又細又長，而且除了後背之外，身體的其餘地方都沒有鰭。當牠在水裡遊起來的時候，身子來回地扭動，就像蛇一樣。這種魚的皮很鬆軟，沒有鱗片；牠的嘴有別於普通的魚嘴，形狀像一個圓形的漏斗。其實，這是個吸盤。當你看到這個吸盤時，你會以為這可能是大水蛭，但絕對不可能是魚，魚兒哪有這種嘴呀！

其實，這種魚叫七星子，在牠的身體兩側，每隻眼睛後面都各有七個呼吸孔。

七星子的幼魚像極了泥鰍，這些幼魚會被孩子們抓來做魚餌，以便引誘那些兇惡的肉食魚。

七星子會用吸盤吸在大魚身上，並隨著大魚在河中旅行，大魚不會輕易地把牠們甩掉。

據漁夫們的經驗，七星子有時候吸在水底的石頭上，牠吸住後，就開始全身扭動，在水裡翻騰，石頭都被挪動了。看來，牠很有勁，在挪開石頭後，就在石頭底下的坑

裡產卵。

這種魚還有一個學名，叫做石吸鰻。

牠的樣子不好看，如果把牠用油炸一炸，再加上調味料，味道還不錯哦！

街上的生活

每天夜裡，蝙蝠都在空襲城市和郊區。牠們一點兒都不會在意街上的行人，只顧在空中追捕飛蟲和蒼蠅。

燕子飛來了。我們這兒有三種燕子：一種是家燕，牠長著叉子似的長尾巴，脖子上有一個火紅的斑點；一種是個頭小小的，灰褐色，白胸脯的灰沙燕；一種是短尾巴，白咽喉的金腰燕。

家燕在城市周邊的木質房子上給自己做巢；灰沙燕喜歡在懸崖的岩洞裡生小燕；金腰燕呢？牠的巢直接搭在石頭上。

雨燕是在燕子飛來之後很久才出現的，牠和燕子有區別。從外觀上看，牠們渾身烏黑，和普通燕子無兩樣，翅膀是半圓形的，像一把鐮刀，不過，雨燕的叫聲刺耳，常常在房頂上飛來飛去。

此時，咬人的蚊子也出現在大街上了。

市區裡的鷗

涅瓦河一解凍，河面上空就出現了鷗鳥。牠們完全不害怕輪船和城市的喧鬧聲，在人的眼皮底下從容地捕捉水裡的小魚吃。

當鷗鳥飛累了的時候，牠們就直接落到河岸欄杆上，或者鐵皮房頂上，待在那兒休息。

飛機上有翅膀的乘客

在天空，飛機裡坐著一些帶翅膀的小旅客，牠們來自高加索的庫班，分乘在 200 間舒服的客艙——三合板做的木箱裡。牠們大概有 800 個，被運送到我們這裡來了。

如果你事先沒有聽到嗡嗡的叫聲，你很難知道牠們是蜜蜂。

現在，蜜蜂在飛機上大吃大喝，享受著牠們舒適的旅程。

羊肚菌雪

5 月 20 日，早晨的太陽明晃晃，東方天空藍瑩瑩，可是想不到這時竟下起雪來了。亮晶晶的雪花，像螢火蟲似的，輕飄飄地在空中徐徐飛舞。

冬老人呀！你嚇唬不了誰的，現在這時候，你的雪花的壽命是不長的！這光景，就好像夏天出太陽下雨一樣——太陽透過雨絲露出笑臉；這樣的雨只會使蘑菇生長得更快。現在，雪一落到地上，就融化了。

我到城外森林裡去看看，也許會發現，在那一落地就融化的雪花下面，有滿是褶子的褐色蕈傘——早春頭一批好吃的蘑菇：羊肚菌。

夜鶯在歌唱

5 月 5 日早晨，在郊外的公園裡響起了第一聲「布——穀！」

一星期後，在一個溫暖而寧靜的晚上，忽然有什麼東西在灌木叢裡鳴叫起來了。叫聲是那樣的清脆，那樣的動聽！起初是輕輕地叫，隨後越叫越響，後來索性大聲尖嘯、囀啼起來了。

那歌聲一陣緊一陣，彷彿有誰撒下一把細碎的豌豆似的！

這時候，大家都聽明白了：是夜鶯在歌唱。

給全體學生的公開信

聽說我們這區很多學校的學生都在爭先恐後地製作各種標本，有礦物標本、昆蟲標本，還有很多植物標本集。一些學校希望能和我們一起分享這些最真實的教材。當然，這也是我們所希望的。所以，我們把從世界各地收集的樣品和植物標本集慷慨地郵遞給了他們。

此時，正是收集春花標本的好季節。到了暑假，在老師的指導下，我們融入大自然，和大自然進行了更加親密地接觸，為學校收集了更多更有價值的新標本。雖然曬黑了，可是我們一點也不後悔，我們每個人都想為學校貢獻力量。尤其是當假期過後回到教室，看著植物老師和動物老師利用我們收集的標本為同學們講解一些新知識的時候，我們就覺得無比高興。

打獵的事兒

市場上的野鴨

最近一些日子，在列寧格勒的市場上，正出售著各種各樣的野鴨。其中，有渾身烏黑的野鴨，有非常像家鴨的野鴨；有個兒很大的野鴨，也有個兒挺小的野鴨。

這些野鴨，有的尾巴又尖又長，像錐子似的；有的嘴巴很寬，像鏟子似的；有的嘴巴很窄。

沒經驗的主婦去買野鴨，可能買到的是一隻吃魚的潛水的磯鳧（ㄈㄨˊ），一隻秋沙鴨，或者根本不是野鴨，而是一隻潛水的鸊鷉（ㄆㄧˋ ㄊㄧˊ）。這些野禽買回去烤好了，可能會沒有人要吃，因為牠們渾身帶著魚腥味。

可是，對於有經驗的主婦來說，就會把潛水的磯鳧和好野鴨認出來，她一看野禽小小的後腳趾，就明白了。潛水的磯鳧這種後腳趾上，有一大塊突起的厚皮；在河面上生活的那些「珍貴的」野鴨，後腳趾上突起的厚皮很小。

在馬爾基佐夫湖上

春天，在馬爾基佐夫湖上，有很多野鴨飛來。

在涅瓦河口和喀琅施塔得[8]所在的科特林島之間那一部分芬蘭灣，自古以來就叫做馬爾基佐夫湖。列寧格勒的獵人們喜歡到那裡去打獵。

這時，如果到斯摩棱河去看看，可以看到，在斯摩棱河附近，有一些形狀古怪的小船，這些小船有白色的，也有和河水一樣顏色的。船底完全是平的，船頭船尾往上翹起，船身雖不大，可是格外地寬。這是獵人打獵時用的筏子。

如果運氣好，能碰到一個獵人，可看到他把筏子推到小河裡，把槍和其他東西放在船上，然後用一支舵槳兩用的槳，順著流水划去。划了不到半個小時，他就能划到馬爾基佐夫湖了。

而涅瓦河上的冰已融化了，只是在河灣裡還有一些大冰塊。

筏子迎著灰色的波浪，飛快地向冰塊沖去。接著，獵

8. 喀琅施塔得：Kronstadt，位於芬蘭灣的科特林島上，離聖彼得堡 30 公里，為其轄區，也是聖彼得堡的主要港口。

人把筏子划到一個大冰塊旁邊緊靠著，自己跨上了冰塊。他從筏子裡擒出一隻雌的野鴨囮（ㄜˊ）子（獵人用活野鴨去引誘別的野鴨，這種活野鴨就叫做「囮子」）。把牠拴好放在水裡，筏子繼續划去，雌野鴨開始叫喚。

出賣同類的雌鴨與穿白長袍的獵人

雌野鴨在叫喚時，不用等多久，就可以看到遠處飛來一隻野鴨。這是一隻雄野鴨，牠聽到雌野鴨的叫聲就飛了過來。牠還沒有來得及飛到雌野鴨身邊，就聽見「砰」的一聲，接著又是一聲，雄野鴨掉進水裡死掉了。

野鴨囮子並不知道牠的任務，仍然在拼命地叫。牠的叫聲招來了越來越多的雄野鴨。

那些雄野鴨從四面八方飛來，牠們只在乎雌野鴨，卻沒有注意在白花花的冰塊旁邊，有一隻白色的筏子，筏子裡還坐著一個身披白長袍的獵人。獵人瞅準了機會，放了一槍又一槍，野鴨們也一個個掉落到水裡。

另外的一些野鴨，聽到槍聲飛走了，不然牠們也會成為人類的美食。

漸漸地，太陽落了下去。城市的輪廓也模糊了，只能

看到一些星星點點的燈光。

天黑了，獵人不能放槍了，只好把野鴨囮子放到筏子裡，然後把船錨拋在冰塊上，使筏子緊靠著冰塊。他得張羅一下過夜的事情了。

再看看天空，起風了，樹葉沙沙作響，眼看就要下雨了。

水上的房子

為了過夜，獵人決定在水上建一個房子。只見他把一個弧形木架安在筏子的兩舷上，把帳篷解開，張在架子上。

他燃起氣爐子，舀了一壺水放在爐子上燒。

在外面，雨點乒乒乓乓地響著，獵人才不怕呢！反正雨水滴不進他的帳篷裡面，而且帳篷裡又明亮，獵人可以喝著熱茶，吃著帶來的東西，當然，他不會忘了那隻幫助他的雌野鴨，喂了牠一些食物。

獵人做完這些事情後，覺得無聊，就抽起煙來。

春雨很短暫，不知什麼時候雨停了。

獵人從帳篷裡向外面探出頭來，在遠處，黑黝黝的海岸隱約可見，但是卻看不到城市的輪廓，也看不到城市的燈火。原來，在這一夜的工夫，風把冰塊吹到大海裡去了。

糟糕！得划很長時間，才能回到城裡去。而且幸虧這塊冰塊沒有和別的冰塊相撞，不然獵人會被擊碎的冰塊傷著。

現在，得趕緊幹點正經事，不能再閑著了。

天鵝飛來了

天亮了，獵人來到了一片草木叢生的地方，他看了很久，決定在這裡打獵。於是，野鴨囮子又大叫了起來。

這時候，從天空中飛來了一隻雪白的天鵝，牠聽到了野鴨囮子的叫聲，但沒有飛過來，因為野鴨囮子不是牠的同類。

看到那隻天鵝飛走了，獵人歎了一聲。正歎息時，一隻野鴨飛了過來，獵人趕緊舉起獵槍，「砰」的一聲，那隻野鴨掉進了水裡。

這時，又從空中傳來一種聲音：

「克魯——魯嗚，克魯——魯嗚，魯嗚！」

獵人抬頭望去，看到一大群野鴨落到野鴨囮子旁。獵人又動作敏捷地往獵槍裡裝子彈，然後把兩支手合攏，舉到嘴邊，吹起勾引野禽的聲音：

「克魯——魯嗚，克魯——魯嗚，魯嗚，魯嗚，魯！」

那些野鴨又一個個被擊中了。

獵人正想去撿野鴨時，看到了三隻白天鵝正揮動著沉重的翅膀，降落到冰塊附近。牠們的翅膀在太陽底下閃著光芒。

而天空上的天鵝兜著平穩的大盤旋越飛越近，牠們從上面看見了冰塊旁的天鵝，以為呼喚牠們的就是牠，心想牠不是飛得筋疲力盡，就是因為受傷掉了隊，於是就向牠飛了過來。

又打了個盤旋，又打了個盤旋……

獵人坐在那兒一動也不動，只用眼睛盯牢了牠們——

這三隻白天鵝，牠們伸長脖子，一會兒離他近一些，一會兒又離他遠一些。

該回去了

天空上的天鵝又打了個盤旋，現在飛得很低，離筏子不遠了。

獵人覺得時機到了，就舉起獵槍，「砰」的一聲，其中的一隻天鵝像鞭子似的垂了下來。又「砰」的一聲，第二隻天鵝在空中翻了個跟頭，也重重地跌在冰塊上。

第三隻天鵝慌忙地向天空上飛去，很快就消失得無影無蹤，其他的天鵝當然也不見了。

獵人拍了拍身上的灰塵，覺得今天很走運，現在可以回家了。

但是，要把小筏子划回城裡去，不是一件簡單的事。

因為，起霧了，十步以外什麼也看不見。

憑著直覺，獵人聽到城市裡的汽笛聲，隱隱約約的，一會兒在這邊，一會兒又在那邊，簡直叫人費神。

獵人不知道往哪邊划，薄冰撞在筏子上，發出輕微的玻璃破碎的叮噹聲。

但是，他還是小心翼翼地划著，他知道他會慢慢地走出這片水域。

在安德列耶夫市場上

在安德列耶夫市場上，一大群人，個個一臉好奇的樣子，打量著兩隻雪白的大鳥。牠們從獵人的肩膀上倒掛下來，嘴巴差不多碰到地。

孩子們把獵人圍了起來，你一言我一言地問：

「叔叔，這是從哪兒打來的啊？我們這邊會有這種鳥嗎？」

獵人說：「是從不遠的河中，牠們正往北方飛，去做巢呢！」

「像這麼大的鳥，牠們的巢一定大吧？」

獵人繪聲繪色地描述著。

這時，一個主婦走了過來，她問：「這隻鳥可以吃嗎？

有沒有魚腥味呢？」

獵人回答說：「當然可以吃了，要不就不會帶到市集上來賣了。牠們沒有魚腥味，因為牠們很少吃魚。牠們可是很有營養的哦！」

主婦聽了很高興，就買下了其中的一隻大鳥。

另外，每年春天，在安德列耶夫市場上都可以看到許多類似的事情，那些鳥兒被獵人打下，然後成了人們的美味。

不過，天鵝越來越少了，獵人們很少能再打到這種大鳥。

為此，在我們這裡，發佈了一條命令，就是嚴格禁止獵捕天鵝。誰要是打死了天鵝，就要受罰，而且罰錢的數目還不小呢！

至於馬爾基佐夫湖上的野鴨，人們依舊在獵捕，因為野鴨的數量多得數不清。

THREE 載歌載舞月

春季第 3 月

歌舞的五月

5 月，是歌舞的月份！春天正著手做它的第三件事情，也就是給森林著裝。

現在森林裡一片歡樂，處處充滿著熱烈的氣氛。

太陽的光和熱徹底戰勝了冬的嚴寒，森林裡不再會有很冷的時候，而是時刻溫暖著！

傍晚，可以看到晚霞！這樣的季節真是美極了！

在贏得土地和水分之後，生命一個勁兒地往上長。綠油油的新葉給高大的樹木披上了亮麗的衣裝。張著輕盈翅膀的無數昆蟲正向空中飛升；夜遊神蚊母鳥和機靈的蝙蝠，在黃昏時飛出來將牠們捕食。白天，雨燕和家燕在空中往返飛掠，鷂與老鷹高懸在耕過的田地和森林上空，紅隼和雲雀彷彿被線掛在雲端似的在田野上空輕輕扇動著雙翼。夜晚，一林鳥雀喧嘩，大家都在跳著舞唱著歌。

蜜蜂出來了，在田野上採蜜。黑琴雞在地上，公鴨在水裡，啄木鳥在樹上，沙雞在森林的上空。這一切顯得那麼井然有序。一個詩人說：「五月的俄羅斯，鳥兒和野獸心裡都樂開了花，森林的地面綻放出亮麗的花。」

的確是這樣，一切太新鮮了，給人一種無與倫比的

感覺。

五月裡，灌木叢下像天堂一樣溫暖。小鹿在吃草，牛兒在奔跑。

可是，有時會乍暖還寒，要爬到爐灶邊去取暖呢！

但五月份是一個歌舞的季節，一切活力都要在這個月份迸發了。

歡快的月份

在森林裡，五月是歡快的月份，歌舞月從現在開始。

綠葉為樹木披上了新裝，嫩草為大地覆蓋上了綠被。

森林裡的居民們在陸地和空中翩翩起舞。

每一位森林裡的精靈都想展示自己的威武、力量和機敏。而有時候，很少有歌聲和舞姿，只有牙齒和喙嘴的撕咬，打得也不亦樂乎。絨毛、皮毛和羽毛在空中飛揚。

森林裡的居民們看樣子都很忙碌，因為這是春季的最後一個月。

不久夏天就要來了，緊接著要做築巢和哺育幼雛的工作。

在俄羅斯的鄉下，可以聽到人們這樣說：「在我們這裡，春天像姑娘，日子過得很舒坦，當杜鵑咕咕叫、夜鶯日夜唱的時候，那時候去森林裡就會有好東西可收藏了。」

林裡的大事兒

林中的樂隊

5 月，夜鶯唱起了歌，牠總是日夜不停地唱，一會兒尖利，一會兒婉轉。孩子們在想：難道鳥兒不睡覺啦？其實，鳥兒們在春天是很少睡覺的，就算睡覺也是忙裡偷閒，在唱歌間歇的半夜或中午休憩一下。

一到清晨和黃昏，這些森林歌唱家就要展示其歌喉，開始唱歌了。牠們都大顯身手：或擊鼓、吹笛子，或唱歌、拉琴；有的引吭高歌，有的低吟淺唱。

總之，各有各的妙處，各有各的特長，熱鬧極了。啄木鳥在擊鼓；玲瓏的黃鳥和白眉鶇在吹笛子；燕鶯和鶇鳥放聲歌唱；甲蟲和螞蚱在拉琴；牝鹿在淺唱，白山鶉和狐狸唱著小調，狼在仰天長嚎；貓頭鷹在哼曲，蜜蜂和丸花蜂在低聲伴唱；而青蛙在不停地變換調門；那些唱歌跑調的動物也沒有放棄，都紛紛地彈奏著牠們喜愛的樂器。

啄木鳥用能發出響亮聲音的枯樹枝當做自己的樂器，這是牠們的鼓，而鼓槌就是牠那堅硬的嘴巴。

天牛的脖子扭動起來就會發出吱吱的聲音，這就是一把小提琴啊！螞蚱的爪子帶著鉤，翅膀像鋸齒一樣，用爪子撓翅膀的聲音，不也是一種音樂嗎？

火紅的麻鳽（ㄐㄧㄢ）用牠那長長的嘴巴伸到水裡，用力一吹，湖面上就響起了一片咕嚕聲，就像牛在吼叫。

那沙錐呢，牠是怎麼唱歌的呢？牠直衝雲霄，舒展開尾羽，尾羽兜著風，就發出「咩咩」的聲響，這真是一隻在森林上空歡叫的天羊！

這就是林中的樂隊。

頂冰花和紫堇

頂冰花（百合科多年生草本植物，分布於北溫帶）盛開了，花朵像小金星一般。一個個生長在灌木叢和喬木下，當開花的時候，樹上並不見葉子，陽光也能透過它們灑到地上。有了陽光的照耀，頂冰花光合作用十分充足，當然可以早早地開花了。

在附近，紫堇也一片姹紫嫣紅。那些初盛開的紫堇，花是淡紫色的，花莖長長的，青灰色的小葉呈現鋸齒狀，無論是葉子，還是花朵，都惹人愛憐。

不久，頂冰花和紫堇花凋謝了，濃密的樹葉擋住了陽光。在地上，頂冰花和紫堇撒下自己的種子，然後就消失了。它們那圓圓的塊莖和小小的球莖被深埋在土裡，從夏天一直藏到開春。

如果想讓頂冰花、紫堇這兩位客人到自己家做客，那就在它們凋謝之前把花株挖出來。這種小植物的莖在地底下很牢固，所以在挖的時候要很小心。

在凍土地帶，頂冰花和紫堇的塊莖被埋得很深，不過，在較溫暖的地方或者地表上有覆蓋物的地方就埋得淺一些。在移植這兩種花的時候一定要注意到這一點。

田野裡的叫聲

我和一個同伴到田野裡去除草，我們輕輕地走著，在不遠處，看到一隻鵪鶉，牠蹲在草叢中，正在向我們說：「去除草！去除草！去除草！」

我跟牠說：「我們就是去除草呀！」可牠還是一個勁兒地說：「去除草！去除草！」

接著，我們走過一個池塘，在池塘裡，有兩隻青蛙把頭探出水面，然後鼓著牠們耳後的鼓膜，一個勁兒地叫。一隻青蛙叫的是：「傻瓜！傻瓜，傻瓜！」另一隻青蛙叫的是：「你傻瓜！你傻瓜！」

我們又來到了田邊，幾隻圓翅膀的田鳧歡迎我們。牠們在我們四周呼扇（拍打），問我們：「您們是誰？您們是誰？」

我們回答牠說：「我們是從古拉斯諾雅爾斯克村來的。」

森林通訊員 庫羅奇金

魚兒的叫聲

人們播放了水底叫聲的錄音帶，聽到的都是人類從來沒有聽過的叫聲。有沉悶的哼哼聲，有尖利的嘶叫聲，有莫名的呻吟聲，有奇特的呷呷聲，夾雜著突然響起的震耳的噠噠聲，滿屋子人的說話聲都被這些叫聲淹沒了。這些魚兒的叫聲是從黑海錄下來的，在汪洋大海中，每一種魚都有自己獨特的叫聲。

現在，我們在海底放置了一個採音裝置——水下耳，它可以採集各種魚兒的叫聲。

魚類也是會說話的，水下並不是一個無聲的世界。這個發現有很大的價值，我們可以得知哪里有豐富的魚類資源和魚兒的遷徙路線是怎樣的。

如此一來，人們就不會盲目地捕撈，就可以根據魚類分佈情況和行蹤展開捕撈活動。

說的不可思議一點，如果人們模仿魚兒的叫聲，也可以誘捕魚群。

在罩子下

花中最嬌嫩的要數花粉了，一打濕就損壞了。雨水可以損害它，露珠也會損害它。那麼它平時是怎麼保護自己免遭傷害的呢？

鈴蘭、黑果越橘和越橘的花是一只只懸掛的小鈴鐺，所以它們的花粉永遠在護罩之下。

睡蓮的花是朝天開的，但是每一片花瓣都彎成湯匙的樣子，而且所有花瓣的邊緣彼此覆蓋。於是形成了一個四面八方都封閉的胖胖的小球。雨滴打到花瓣上，內部的花

粉卻一滴雨水也濺不到。

鳳仙花的每一朵花都藏在葉子下面，你看它有多狡猾：它的花莖越過了葉柄，使花朵在罩子下牢牢地佔據自己的位置。

野薔薇有許多雄蕊，在下雨時就把花瓣閉起來。在壞天氣閉上花瓣的還有白睡蓮的花。

而毛茛在雨天就把花耷拉下來。

森林之夜

我們《森林報》的通訊員寫信告訴我們：「我夜裡到森林去，聽到了各種各樣的聲音，那是森林裡的聲音。至於是什麼動物發出的聲音，我可不知道。那麼，我如何描寫這個森林之夜呢？」我們給了他這樣的答覆：「請把你聽到的聲音都描繪出來，我們會想法弄明白的。」

後來，他寄了這樣的一封信給我們：

「說實在的，夜裡我在森林中聽到的，盡是些亂七八糟的聲音，一點也不像你們在報上所描寫的是什麼樂隊。鳥聲逐漸靜了下來，夜很沉靜，因為快到凌晨了。在高處的地方，傳來一種低沉的琴弦聲，一開始聲音很小，漸漸地越來越響，終於變成了一種宏大的低音，再接著音量又降低，以至於完全沒有聲音了。我在想：『作為前奏曲，這聲音算還不錯，雖然拉的是一根單弦，可總算是開了個場。』忽然從林子裡發出一陣狂笑，『哈——哈——哈！呵——呵——呵！』這聲音令我毛骨悚然，感覺渾身上下起了雞皮疙瘩。這是一種什麼聲音呢？這是音樂家嗎？我又驚愣下來，想了很久，心想再也不會有什麼聲音了。後來，我聽見有誰在給留聲機上發條。一個勁兒上呀，上呀，可就是沒有奏出音樂來。我想留聲機可能壞了。然後又上來了『特爾爾，特爾爾，特爾爾，特爾爾』的聲音，沒完沒了。還有，誰拍起巴掌來了，拍得那麼熱烈，那麼響亮。這是怎麼一回事呢？我非常生氣，又站了一會兒，就回家了。」

我們可以說，通訊員不應該這樣生氣，他起先聽見的、像低音琴弦似的嗡嗡聲，是一種甲蟲，大概是金龜子，在他的頭頂上飛過。那使人毛骨悚然的哈哈笑聲，是大貓頭鷹——灰林鴞（ㄒㄧㄠ）的叫聲。牠的聲音就是那麼令人毛骨悚然，無法去改變。『特爾爾，特爾爾，特爾爾，特爾爾』的叫聲是夜鶯〔編註：中國古代稱夜鶯為蚊母，也叫蟁（ㄨㄣˊ）母，因其在飛翔時張口食蚊，而古人誤認為是吐出蚊子，所以給了牠「蚊母」、「吐蚊鳥」等名字。在中國華北地區被稱為「貼樹皮」。臺灣也有夜鷹，名臺灣夜鷹，又稱林夜鷹、南亞夜鷹。體長 20-26cm，以昆蟲為主食。其鳴叫聲似「追伊～追伊～」〕發出的聲音。夜鶯也是夜裡飛出來的鳥，不過牠們不是猛禽，聲音是從牠們喉嚨裡發出來的，牠們還認為自己在唱歌呢！拍巴掌的也是夜鶯，牠是在用翅膀拍，那聲音像極了人類用手掌拍的聲音。至於夜鶯為什麼要這樣做，我們也無從解釋。

這可能是那些鳥類的習性，牠們在夜晚時習慣發出的聲音吧，就像人類一樣，會哭、會笑，也會發出聲音。

遊戲與舞會

鶴在沼澤地裡舉辦舞會了。

牠們匯成一圈，有一隻或兩隻鶴出隊來到中央開始跳舞。

起先倒不怎麼樣，牠們只是輕輕跳動著兩條長腿。接著動作加大了：牠們開始大步跳舞，而且跳出的舞步簡直令人捧腹大笑！又是打轉又是跳躍乂是蹲跳——活像踩著高蹺在跳特列帕克舞（俄羅斯民間的一種快速舞曲，2/4 拍，狂放熱烈是它的典型特徵）！而圍成一圈站著的那些鶴，則從容不迫地扇動翅膀打著拍子。

猛禽的遊戲與舞會在空中進行。

尤其別緻的是鷹隼的舞蹈。牠們直上雲霄，在那裡炫耀著奇妙的本領。有時一下子耷拉下翅膀，從令人目眩的高度像石塊一樣向下飛墜，直到貼近地面時才會張開雙翼，然後盤旋一個大圈，又重新飛上天空。有時在離地面很高的地方停止不動，張開雙翅懸著，彷彿有根線把牠掛在雲端。有時猛然在空中翻起了跟斗，猶如名副其實的天堂丑角，向地面倒栽下來，做出一個個倒飛跟斗的動作，獵獵地鼓翅翱翔。

最後一批鳥

春天已接近尾聲，在南方過冬的最後一批鳥，終於來到了我們這兒。牠們是一批美麗的鳥兒，渾身裝束著絢麗的羽毛。

如今，草地上鮮花盛開，灌木和大樹也覆蓋著新綠，牠們很容易躲避猛禽的襲擊。

在彼得宮的一條小溪上，出現了來自埃及的鳥，牠身披藍中帶翠綠又間咖啡色的外衣，漂亮極了！

那些長著黑翅膀的是金色黃鶯，牠們在森林裡發出的聲音，像悠揚的長笛，又像女人們在說話，牠們來自非洲南部。

在灌木叢裡面，有藍肚皮的藍喉歌鴝；在沼澤地裡，有金黃色的鶺鴒。

來到我們這裡的還有肚皮顏色各不相同的紅尾伯勞，綠中帶藍的藍胸佛法僧，以及領毛蓬鬆、毛色各異的流蘇鷸。

秧雞徒步走來了

有一種奇異的飛鳥——長腳秧雞是從非洲徒步來到這裡的。

長腳秧雞不擅於飛行，而且就算飛起來了也飛不快。

牠們很容易被鷂鷹或隼在飛行中獵殺。

白樺樹在哭

在森林裡，大部分的動植物快快樂樂的，只有一個例外，它就是白樺樹。白樺樹正在哭呢！

在灼熱的陽光下，白樺樹的樹液在白色的軀幹裡越流越快，而且幾乎都要流到外面來了。

人們喜歡喝這種樹液，因為又好喝，又有益。

當人們割開樹皮，讓樹液流到瓶子裡時，白樺樹會哭，流出了大量的樹液，它就會乾枯、死掉。

松鼠開葷了

冬天，松鼠只靠一些素食補充體力：松果、秋天儲存的蘑菇等。現在，牠們可以開葷啦！

很多鳥兒已經築好巢，產下了蛋，有些早已孵出了鳥寶寶。現在松鼠們出動了。牠們在樹枝上和樹洞裡尋找鳥巢，掏出裡面的幼鳥和鳥蛋，可以美美地吃上一頓了。這些小傢伙幹起破壞鳥巢的勾當來，並不比任何猛禽的破壞力差。

蘭花

在我們北方，蘭花並不多見，如果見到了它，會讓人想起它的近親——熱帶雨林蘭。

熱帶雨林蘭是一種很有趣的植物，它因為生長在樹上，所以很有名。不過，在我們這裡，蘭花是長在土地上的。

它們有的根莖很結實，像胖嘟嘟的小手緊緊地抓在地上。

蘭花雖然算不上漂亮，但並不難看，尤其舌唇蘭等品種更是十里飄香，真給人一種別樣的美感啊！

最近，在羅普薩，我們看到了一種蘭花，它是蘭花中的精品。這種花開著五朵美麗的大花，朵朵鮮豔奪目。我剛想用手摘一朵，忽然發現一隻紅褐色的、怪模怪樣的蒼蠅停在上頭，我馬上把手縮了回來。那隻「蒼蠅」窩在上面不動，我用麥穗拍打它，它還是不動。我很奇怪，再仔細一看，原來不是一隻蒼蠅，而是柔軟得像天鵝絨的東西，它的翅膀毛茸茸的，渾身有淺藍色的斑點。後來我才知道，它是蘭花大家族中的一種，這種蘭花的名字是「蠅頭蘭」。

尼・巴甫洛娃

尋找草莓漿果

草莓成熟了。此時，很多人去採摘。如果能碰到完全成熟的鮮紅色的草莓漿果，吃上一顆，就絕對忘不了它的美味。

黑果越橘也成熟了，雲莓[10] 也正在成熟。黑果越橘的灌木叢上長著許多漿果，而草莓呢！它的一株植株上很少會超過五顆莓果。

雲莓在它們當中最小氣，因為雲莓的莖頂只長一顆漿果，而且不是每株都會結果，有的是開了不結果的花。

10. 雲莓：Cloudberry, 廣泛分布在北極區及北溫帶，懸鉤子屬，多年生灌木，莓果可生食，一般製成果醬。

閻蟲

我發現了一種甲蟲，但不知牠叫什麼，用什麼餵牠。

牠跟叫做瓢蟲的那種甲蟲完全一樣。只不過瓢蟲渾身紅色，帶有黑色小圓圈，而這種甲蟲卻全身一片黑。牠呈圓形，比豌豆稍大，長著六支小爪子，會飛；背上有兩片黑色小硬翅，硬翅下有兩片黃色的軟翼。牠翹起黑色硬翅，伸出黃色軟翼，就起飛了。

有趣的是，當牠發現危險時，就把爪子藏到肚子底下，觸鬚和腦袋也縮進身子裡面藏起來。如果你把牠抓住放在手心裡，你無論如何不會說這是隻甲蟲。這時牠像極了一顆黑色小水果糖。

但是過了一會兒，當誰也不會再去觸動牠時，牠就先伸出所有的小爪子，然後探出腦袋，最後伸出觸鬚。

我非常想請您回答我，這是什麼甲蟲？

編輯部的回音

你具體地描繪了這隻甲蟲，我們已經知道了牠，牠是閻蟲〔閻魔蟲總科底下的閻魔蟲科（又稱閻甲科或閻蟲科）〕。牠的動作不快，像蝸牛似的，而且會像烏龜一樣把頭腳藏到甲殼裡面。閻蟲的甲殼裡有很深的凹陷，可以藏進爪子、腦袋和觸鬚。

閻蟲也是各種各樣的，在顏色上，就可以將牠們區分，牠們有黑色的，也有其他顏色的。牠們吃的是腐敗的植物、糞便。

有一種黃色的閻蟲，牠全身長滿了小茸毛，經常和螞蟻待在一起，可以想飛到哪里就飛到哪里。螞蟻不會招惹牠，因為牠保護了蟻巢不受敵害。

摘自一位少年自然界研究者的日記

燕子窩

摘自自然界研究小組組員日記

5月28日

我打開窗子，看到鄰居家的一個小木房有燕子飛回來了，正在小木房的屋簷下築巢。我很高興，心想可以看到燕子搭巢的完整過程。同時還可以知道燕子什麼時候孵蛋，如何給小燕子餵食。

我每天都在觀察，不知燕子夫婦從哪裡弄來材料，然後搭建房屋。後來才知道，這些材料是牠們辛辛苦苦地從村莊的小河邊銜過來的。牠們飛到河岸，用嘴巴挖一塊河裡的泥，然後銜到小木房。牠們分担工作，一隻燕子把泥銜回來，另一隻燕子把泥糊在房檐下的牆上。

5月29日

然而，在這個過程中，不僅僅我對此感興趣，鄰居的大公貓也對此感興趣。牠是個粗野的流浪漢，經常和其他的貓咪打架。牠身上有多處被咬傷了，右眼也瞎了。牠盯著來回飛翔的燕子，有時候看看窩建成了沒有。

燕子也發現了這個「敵人」，對牠尖叫起來。大貓只管待在房頂上，燕子也沒有辦法。

6月3日

近些天，燕子已經建好了底座，樣了像個鐮刀。那隻大貓經常會去騷擾牠們的工作過程。

今天中午我沒有看到燕子，難道是燕子要放棄這個工程？那樣的話，我就沒辦法觀察了。

這讓我很懊惱啊！

6月19日

最近幾天，天氣很熱。小木房檐下的那個用黑泥建成的、像鐮刀一樣的底座已經乾透了，顏色變成了灰色。但燕子再沒有回來過。

今天，烏雲密佈，下起了傾盆大雨，向窗外望去，猶如掛上了一道水簾。大街上，雨水四處漫流。小河氾濫了，咆哮的河水向前沖去，沿岸的稀泥已經沒過了膝蓋，也不能蹚水過河。到了傍晚，雨終於停了。一隻燕子飛到木房的屋簷下，牠飛到建成的底座上，靠著牆壁待了一會兒，就飛走了。

我想，說不定不是貓把燕子嚇走的，而是燕子最近沒有找到可以銜來的泥巴，這才停止休工的。牠們可能還會飛回來呢！

6月20日

燕子回來啦！牠們終於飛回來啦！這次不僅是原先的那對，而是一大群燕子呢！牠們在房頂的上空盤旋，時不時地朝屋簷下探望，唧唧喳喳地叫個不停，好像是在爭論著什麼。

過了幾分鐘，牠們又飛走了，只有一隻燕子留了下來。這隻留下來的燕子用爪子鉤住鐮刀形的底座，在那裡用嘴巴小心翼翼地休整著，牠可能在吐出黏稠的唾液，給巢加固呢！

我覺得，這可能是燕窩的女主人，不一會兒工夫，那隻雄燕也飛回來了。雄燕子把嘴裡的泥遞到雌燕的嘴裡，雌燕用泥繼續建造著自己的房子。雄燕又飛去銜泥了。

那隻大公貓呢？瞧，牠又爬上了房頂。但燕子不對牠大吼大叫了，而是忙著建自己的巢，一直到太陽落下了，牠們才停止工作。

現在，新燕窩終於好了，希望大公貓用爪子夠不到，希望燕子能安安全全。

白腹鶲的窩

5 月中旬的一天，晚上 8 點左右，我在家中花園裡發現了一對白腹鶲。牠們停在一棵白樺樹邊的板棚頂上，我在白樺樹上掛了一個頂部開口、中心挖空的圓木製成的鳥巢。後來公鳥飛走了，雌鳥卻留了下來。牠停到了圓木上，卻沒有飛進裡面去。

過了兩天我又看見了公鳥，牠鑽進了圓木裡面，後來停在了蘋果樹的一根枝椏上。

又飛來了一隻紅尾鴝，牠們便開始打架。這可以理解，因為無論紅尾鴝還是白腹鶲，都是以樹洞為巢的鳥類。紅尾鴝想從白腹鶲身邊奪走那個圓木窩，但白腹鶲堅守不讓。

白腹鶲夫婦住進了圓木窩，公鳥老是唱個不停，往圓木窩裡鑽。

白樺樹梢上降落了一對蒼頭燕雀，白腹鶲懶得理牠們。道理很簡單，因為蒼頭燕雀不是白腹鶲的競爭對手，牠自己會做窩，不住樹洞，而且牠的食性很雜。

又過了兩天。

早晨，一隻麻雀飛到了白腹鶲的窩裡。公鳥追著牠衝了進去，窩裡開始了殘酷的打鬥。

突然什麼聲音也沒有了。

我跑到白樺樹邊，拿一根木棒敲打樹幹。麻雀從窩裡跳了出來，而公白腹鶇卻沒有飛出來。雌鳥在窩邊輾轉飛翔，驚惶地叫著。

我擔心公鳥已經死去，就往窩裡瞧。

公白腹鶇還活著，但羽毛嚴重受損；窩裡有兩個鳥蛋。

公白腹鶇在窩裡待了很長時間，等再飛出窩時牠顯得十分虛弱：

牠降落到了地面上，於是幾隻母雞過來驅趕牠。我擔心牠遭遇不測，就把牠帶回家，開始用蒼蠅餵牠，晚上我又把牠放回窩裡。

七天以後，我又往窩裡瞧了瞧。聞到了一股腐敗的氣味，我趴在窩邊，看到裡面躺著的公鳥，身子歪向一側，已經死了。

我不知道麻雀是否再次侵擾過牠，還是牠在上次一爭鬥後死神就降臨了。

雌鳥沒有飛出來，甚至在我把死去的公鳥掏出窩的時候，牠依然在孵卵。

林中地盤的爭戰（續前）

森林記者曾向我們說過，雲杉在林中大戰。還記得嗎？它們一直希望空地能重新變綠，成為一片雲杉林。

現在，它們如願以償了，因為下了幾場的春雨，那裡頓時綠意盎然。

從地裡出現了綠色的嫩芽，這是些什麼植物呢？

這些植物不是雲杉苗，而是雜草，它們顯得很蠻橫，在搶了先機後，還要迅速地擴張，很快就密密麻麻地長成一大片。

雲杉苗使出渾身解數，也從地下探出頭來，但已經太晚了，野草大軍早就佔領了它們的領地。

一場大戰即將爆發！

小雲杉用樹枝作為自己的武器，挑開蓋著它們的野草。但野草並沒有氣餒，一直在拼命地鎮壓著。不僅是地面上它們打得不可開交，在地下它們也交戰。

樹苗和野草的根糾結在一起，互相廝打著，你掐我，我勒你，像爭奪營養豐富、富含鹽分的地下水的鼴鼠一樣，誰也不肯放棄。有時，一大批小雲杉被活活地勒死了，那些小雲杉還沒來得及見到天日就已經命喪黃泉。那些出來的小雲杉，草莖卻緊緊地纏住了它們。小雲杉無法動彈，只好用尖尖的樹梢捅破它們，但野草也不斷地要毀滅小雲杉。

一部分小雲杉經過一番苦戰後，終於衝破了緊密而結實的野草大網。

空地上的戰爭正激烈的時候，河流對岸的白楊樹才剛剛開花。白楊樹也做好了準備，它也想參戰啊！

白楊樹的柔荑花序綻放了，每一個花序都飛出很多帶著白毛帽子的小種子，這些小種子像小傘兵一樣，在空中飛啊飛，一批一批地過了河，它們均勻地落在那片林中的空地上，這些小傘兵順利地來到了雲杉國的城下。

它們落到了小雲杉和野草的頭上，猶如一片片的小雪花。

又是一場春雨，小傘兵被沖刷到地下，開始潛藏。

日子過了一天又一天，空地上的爭奪從來沒有中斷過，結果是野草大軍潰敗，野草用盡力氣往上爬，但無論

林中地盤的爭戰（續前）

怎樣也沒有小雲杉長得快，長得挺拔。

野草家族的不幸來了，它們被小雲杉長滿針葉的枝條遮住了。野草無法享受到陽光，不久以後就會死掉。

現在，雲杉面對的是另一個挑戰。那些白楊的幼苗從它們的腳底下出來了，這些幼苗比雲杉矮得多，雲杉可不容它們搶佔自己的家園，於是，用自己茂盛的枝葉搭在白楊幼苗的頭上，白楊樹苗很快就枯萎了。

這場戰爭以雲杉家族的勝利告終！

但是，又一批「侵略者」過來了，它們是白樺樹的種子，和白楊樹過來的情景一樣，一個個浩浩蕩蕩地過了小河，在地面上散落下來。它們能擊退佔領者雲杉家族嗎？

我們的記者等著看一場激烈的爭奪戰。

在下一期的《森林報》上，將會有白樺樹和雲杉爭戰的詳細報導。

下一期《森林報》出版的時候，將會告訴你們最新的狀況。

農莊的事兒

集體農莊的莊員要做的事可多啦！播種以後，要把糞肥和礦物肥料運到地裡，給糞肥覆土，為今年的秋播作物做好準備。接著要做菜園裡的活兒：首先要種馬鈴薯，然後播種胡蘿蔔、蘿蔔，種蕪菁、黃瓜、白菜。這時亞麻已長高了一些，得給它除草了。

孩子們也沒有在家裡閑坐。無論在田裡、菜園還是花園，他們都是幫手。他們幫助種莊稼、除草和給樹木修枝。農莊的活兒還會少嗎！要紮夠用一年的樺樹條掃帚，摘蕁麻的嫩頭。蕁麻是用來做菜湯的：用蕁麻的嫩芽加酸模做的綠色菜湯好吃極了。還要捕魚，捉歐鮊、河鱸魚、紅眼魚、小歐鯿魚、擬鯉魚、梅花鱸、小雅羅魚，其他的魚用竿兒釣，捉小狗魚用網和魚簍，捉河鱸魚、狗魚、江鱈魚用誘餌。

晚上用大抄網（張在一個帶長柄的框子上的口袋狀漁網）什麼樣的魚都能捉到。

夜裡在岸邊布放一張張捕蝦的網袋，自己坐在一堆篝火旁，等蝦聚攏來。這時就彼此講述各式各樣的事兒：有好笑的，也有令人毛骨悚然的。

到黎明的時候，就聽不到灰色山鶉的叫聲了。

秋播的黑麥已長到齊人腰的高度，春播的作物也開始生長了。

幫大人們做事

暑假剛開始，我們的少年隊就開始幫農莊裡的大人們做事了。我們給莊稼除蟲，消滅害蟲。

我們兼顧休息和勞動，處理得非常好。

還有許多事等待著我們去做，還有許多事要操心。不久就要開始收割莊稼了。我們將收集麥穗，幫助莊員們紮禾綑。

新森林

在蘇聯的中部和北部地帶，春季植樹造林工作結束了。

新造林的面積達 10 萬公頃。

在今年春天，在我們國家的草原地區和半森林半草原地區的集體農莊，種植了約 25 萬公頃的防護林帶。

這些農莊還種植了大量的苗圃，這些苗圃將為來年提供超過 10 億棵各種品種的樹木和灌木的幼苗。

到了秋天，林場將種植幾十萬公頃的新森林。

小牛樂開了懷

今天一群小牛被放到了牧場。牠們高興極了，翹起尾巴四處奔跑。

綿羊脫外衣了

天越來越暖和了，在紅星集體農莊，有 10 位經驗豐富的剪毛工人，正在給綿羊脫外衣。

只見他們用電推子給綿羊剪毛，用這種方法，可以把綿羊渾身上下的毛都剪下來，讓綿羊也能舒舒服服、輕輕鬆鬆。

農莊快訊

亞麻控告了雜草

最近，亞麻控告了雜草，它們說雜草在田野裡為所欲為，已經對它們的生命造成了威脅。

村裡的人接到這份投訴書，都決定為亞麻出一口氣。於是，村裡的婦女們紛紛來到了田裡，開始救援工作。

那些雜草得到了應有的懲罰！

婦女們的做法是，脫下鞋，光著腳，十分小心地頂著風沿著田壟走。亞麻苗在她們的腳下伏倒，但後來，吹來的逆風幫助它們，扶著它們的莖，把它們推了起來。亞麻苗獲得了營救，它們正在安然地隨著風兒搖擺，它們的敵人雜草被一根根拔光了。

哪個是我媽媽呀

當牧羊人把脫掉了毛衣的羊媽媽放回小羊身邊時，小羊不認識媽媽了。

「媽媽你在哪裡，在哪裡？」小羊可憐地咩咩叫著。牧羊入幫牠們找到各自的媽媽，然後走到剪毛間開始給另一批綿羊剪毛。

畜群越來越大

今天春天，增添了很多家畜，像小牛、小馬、小綿羊、小山羊和豬寶寶。

還在昨天夜裡，小河村的學生飼養場也增加了很多家畜，比原來多了三倍。其中的一隻小羊來了三個夥伴，羊媽媽的名字是庫姆什卡，另外三個羊寶寶的名字是庫賈、姆札和什卡利克。

畜群越來越壯大了！

花期

果園的花期到了，各種果樹花都展現自己的風采，果樹一生中最重要的階段就是這個時候。草莓開花了；櫻桃

樹也開花了，一簇簇的花朵猶如冬天時的雪花；梨花也綻放了，桃花也開了，再過幾天，蘋果樹也要開花了。

搬家

昨天，南方蔬菜番茄秧苗搬家了，它們從溫室裡遷到了新居，被移植到我們池塘邊的田地裡。還有，黃瓜秧也搬到了這裡，和番茄苗做了鄰居。

番茄已經長大了，眼看就要開出花朵。黃瓜苗正在成長著，還待在白塑膠袋的繈褓裡，它們稍微露出了嫩芽。這些黃瓜秧兒們在大地母親的保護下，生長得很好，那些貪婪的動物們無法把它們吃掉。

小小的黃瓜苗快點長大吧，這樣，你們就能和鄰居番茄享受到大自然的饋贈了。

給六條腿的小動物助力

一提到和農作物相關的昆蟲，我大致想到的是那些糟蹋莊稼的害蟲們。雖然牠們的個子很小，但牠們的危害性卻不小。但同時，也有很多有益的昆蟲，牠們正在田裡不停地勞作。

都市快訊

駝鹿來到了都市

在 5 月 31 日的清晨，人們密密麻麻地聚集在密切尼科夫醫院附近，因為他們發現了一頭駝鹿。要知道，在城市邊緣地區很少能見到駝鹿，當然，這也不是第一次。

正如人們推測的那樣，駝鹿來自於弗謝沃洛日斯克區（Vsevolozhsk）的森林，然後到我們列寧格勒來。

牠們有六條腿，個頭也很小，可牠們對植物授粉起著重要的作用。蜜蜂、丸花蜂、姬蜂、蝴蝶、蠅類、甲蟲等這些長有翅膀的六條腿小動物，正在田地裡為亞麻、黑麥、蕎麥、苜蓿等作物辛勤地授粉呢！

小昆蟲們拉開了一條長繩，一隻拉住一頭，從已經開花的作物梢頭拖過，花粉就從被拖彎的梢頭上的花落了下來，風兒一吹，就散落到田裡。這些花粉有的會粘在繩子上，然後被帶到別的花上。

同時，給向日葵授粉的辦法是，先把花粉收集起來，放到兔子皮上，再把兔子皮上的花粉撒到開花的向日葵花盤上。

用人類語言溝通

一位居民向我們《森林報》的編輯說：

「我在公園裡散步時，忽然有人從不遠處的灌木叢裡向我吹口哨，而且聲音是那麼的響亮，又那麼的連續不斷。『你見過特里什卡嗎？』我回頭一看，四下裡並沒有人影，只有一隻鳥，那隻鳥全身一片紅色，正停留在灌木上。我瞅了牠幾眼，不明白這是一隻什麼鳥，竟然能叫出人名來？可牠一直在重複著那句話『你見過特里什卡嗎？』我向前跨了一步，想探個究竟，牠竟嗖地一下鑽進灌木叢裡不見了。」

這位居民看到的不是別的，而是朱雀。牠是從印度飛來的，叫聲像極了在提問題。不過，在把那些話翻譯成人類的語言時，每個人都按照自己的意思理解了，有的認為「你見過特里什卡嗎？」有的說是「你見過格里什卡嗎？」

客來自海裡

最近幾天，從芬蘭灣密密麻麻地遊來了大批的小魚，這是胡瓜魚。牠們是遊到涅瓦河裡來產卵的。漁民們累得筋疲力盡，他們的漁網打撈到的魚太多了。胡瓜魚產完卵後，就會回到海裡去。

只有一種魚，是產在深海裡，然後從深海遊到河裡來生活。

牠的出生地，是在大西洋中的藻海（大西洋的北赤道洋流，繞成一個環狀流動著，環中的海水很平靜，藻類很多，所以叫做藻海）裡。

這種魚叫做小扁頭。

你很少見過這樣的魚吧？也難怪，因為這種魚只有在牠還很小、住在海洋裡的時候，才會用這個名字。那時候，牠全身透明，連肚皮裡的腸子都清晰可見。牠腰身扁扁的，像一片葉子，等牠長大了，長得像一條蛇。

這時，牠才有了自己真正的名字——鰻魚。

鰻魚在成為鰻魚之前，以小扁頭的身份在藻海裡住了三年。第四年，牠們變成了小鰻魚，身體還是那樣的透明。現在，這種渾身透明的鰻魚，正成群結隊地遊進涅瓦河。

牠們來自於大西洋神秘的深海裡，要到我們這裡，至少要遊 2,500 公里的路程。

在學飛

你在公園裡、大街上或林蔭道上走的時候，常常往頭上瞧瞧吧！——當心有小烏鴉或小椋鳥從樹上掉下來，摔在你頭上。

現在牠們剛開始出巢，還在學飛呢！

走過郊區的黑水雞

最近幾天，一到夜裡，住在郊區的人們就聽到一種斷斷續續的低嘯聲：「弗喊——弗喊——弗喊——弗喊！」

一開始，嘯聲從一條溝裡傳來，接著，又從另一條溝裡傳來。

這是走過郊區的黑水雞，牠們和秧雞有著血緣關係，也和秧雞一樣，徒步走過全歐洲，走到我們這裡來的。

去採蘑菇

下了一場及時雨，現在可以去城外採蘑菇了。平茸蕈（ㄒㄩㄣˋ）、白樺蕈和蘑菇都從地面鑽了出來，它們是夏天最先出來的蘑菇，因為它們長出來的時候正值黑麥抽穗，所以統稱為「麥穗蘑」。到了盛夏就見不到它們了。

採蘑菇的時候一定要抓緊時間。要知道，花園裡的紫丁香凋謝的階段，就是春天的尾聲，初夏就要來了。

一大群蜻蜓

6 月 11 日，在列寧格勒市區的涅瓦河畔，天氣很熱，天上沒有一絲雲，房子和街道上的柏油路，被太陽曬得火燙，把人烘烤得連氣也喘不過來。孩子們在淘氣，大人們在散步。

忽然，在波光瀲灩的河那邊，浮起了一大片灰色的雲。所有的人都驚呆了，望著那片雲。這片雲飛得很低，差不多就挨著水面飛。大家眼看著牠越變越大。牠終於窸窸窣窣地把散步的人圍起來了，這時候大家才看明白——這不是雲，是密密麻麻的一大群蜻蜓。

很快，周圍的一切就變了個樣子，有無數的小翅膀在扇動著，所以掠過了一陣涼涼的微風。

孩子們也不再淘氣了，他們好奇地望著那一大群蜻蜓。在空中閃爍著美麗的光，像彩虹似的。

人們的臉也變成彩色的了，無數極小的斑點在他們的

臉上跳動著。

這一大群蜻蜓嗖嗖響，在河岸的上空飛過，升高了一些，然後飛到房屋的後面去就看不見了。

這是新出世的小蜻蜓們，牠們成群結隊地去尋找新的住所。至於牠們來自何方，要飛到什麼地方去落腳，沒有人知道。

這種成群的蜻蜓，各處都是常有的。如果見到了蜻蜓群，不妨注意一下，看看牠們從哪兒飛來，又將飛向哪裡去。

來了新野獸

在葉菲莫夫區和鄰近區域的森林裡，如果獵人們去打獵，常常會見到一種陌生的野獸，連當地的居民們也不認識牠。牠的個頭兒跟狐狸差不多，樣子像烏蘇里的浣熊，或者當地的人們乾脆就叫牠烏蘇里浣熊。

牠是怎麼來到這裡的？原來，牠們是被火車運來的。

一共有 50 隻，被放到我們的森林裡了。

經過了 10 年的生殖繁衍，就可以對牠們進行捕獵了。

烏蘇里浣熊是一種珍貴的動物，可提供珍貴的皮毛，冬季是對牠們進行捕獵最適宜的時節。

牠們在這兒不冬眠，這裡不像牠們的故鄉，牠們故鄉的冬季太冷了，簡直是酷寒。

鼴鼠

很多人會認為鼴鼠是齧齒動物，牠在地下爬行的同時，像某些生活在地下的鼠類那樣以植物的根為食。這樣子的話，就對鼴鼠理解錯誤了。牠們根本不是鼠類，而更像一頭刺蝟，只是穿了一身絲絨般柔軟的皮大衣。

牠們也是食蟲獸，喜歡吃五月的金龜子和其他有害昆

蟲的幼蟲。牠們是一種有益的動物，不存在毀壞植物的罪行。

只是牠們有時候會在花園或菜園的地壟上拋撒一堆堆泥土，築起所謂的鼴鼠窩，因此好像是做了壞事一般。如果人們因為這件事不肯原諒牠的話，可以在土裡插上一根高高的杆子，頂端上安放著小風車。只要微風吹過，小風車就會轉動起來，杆子就會顫動，土地就會有反應。鼴鼠聽到那些奇怪的聲音，會非常害怕，一個個地溜走，不敢逗留在田裡了。

蝙蝠的回聲探測器

一天晚上，一隻蝙蝠從窗戶裡飛出來。牠可怕的模樣嚇壞了女孩們，女孩們大聲尖叫：「快把牠轟出去，快把牠轟出去！」

但是，在一旁的禿頭老爺爺卻很淡定，他說了一句話：「誰叫你們開著燈的，而且牠並沒有飛進你們的頭髮。」

為什麼蝙蝠在漆黑的夜晚不會迷路呢？多年來，科學家們也難以弄清真正的原因。就算把牠的雙眼蒙上，把牠的鼻孔塞上，牠也能自由自在地飛翔。甚至把牠放到拉滿

細線的屋子裡，牠照樣能躲開這些羅網，讓自己安然無恙。

這是怎麼一回事呢？後來，回聲探測器發明後，這個謎才被揭開。原來，蝙蝠在飛行的時候，會從嘴裡發出一種尖叫聲，但人耳是聽不到這種尖叫聲的，這種聲音叫「超聲」。超聲一旦遇到障礙，就會反射回來。蝙蝠的耳朵能聽到各種反射回來的信號，例如，「前面有堵牆」、「前面有很多線」等。但是，女孩兒們的頭髮反射超聲性能不是很好。蝙蝠往往會誤以為是燈光，向她們中的一個撲過來。

給風力定級

風會給我們帶來好處，也會給我們帶來壞處。

在風力小的時候，風是我們的朋友。想想在夏天，天氣很炎熱，如果沒有一絲微風的話，我們會熱得喘不過氣來。

在完全無風的狀態下，煙囪裡的煙筆直上升，直指天空。如果風速小於每秒 0.5 公尺，我們會覺得完全無風，便將風力定為零級。

當風速在每秒 1 至 1.5 公尺，或者每分鐘 60 至 90 公

尺，或者每小時 3.5 至 5.5 公里時被稱為軟風。這是步行的速度，在此種狀態下，煙囪的煙柱已經斜。我們臉上也能感覺到清新的氣流。我們給軟風定為一級。

當風速在每秒 2 至 3 公尺，也就是每分鐘 120 至 180 公尺，或者每小時 7 至 11 公里時，被稱為輕風。輕風的速度相當於人跑的速度，這時候，樹葉開始沙沙作響。我們給輕風定為二級。

當風速為每秒 4 至 5 公尺，即每小時 14.5 至 18 公里時，被稱為微風。此時的風速相當於馬匹快步小跑的速度，細小的樹枝開始輕搖慢擺。我們給微風定為三級。

當風速是每秒 6 至 8 公尺時，被稱為和風。和風能吹起路上的灰塵，掀起大海的波浪，搖晃樹上的粗枝。我們給和風定為四級。

當風速是每秒 9 至 10 公尺，或者每小時 32 至 36 公里時，被稱為清風。此時，風速大約相當於烏鴉飛行的速度。它能使樹梢沙沙作響，細小的樹幹搖晃，浪尖泛起白色的浪花。我們給清風定為五級。

至於風速相當於以每小時 39 至 43 公里的速度行駛的旅客列車，可以猛烈地搖撼林中的樹木，吹落掛在繩子上

的衣服，刮落頭上的帽子，將排球吹向旁邊，妨礙球員的比賽，我們稱之為強風。這時候的風就不是有益的了。

當然，強風有暴風、颶風等，這裡就不再逐一介紹。

在第八期的《森林報》上，我們將看到有關風的繼續報導。在我們這裡，風兒最厲害的時期通常發生在秋季。

打獵的事兒

蘇聯的疆域很大。在列寧格勒附近，春天打獵的季節早已過去，可是在北方，河水還剛剛氾濫，正是打獵的好時節。

這時候，有很多興致高昂的獵人，都趕到北方去打獵。

小舟駛進汛期茫茫的水域

天空佈滿了烏雲，今天的夜，像秋夜一樣的黑。

我和塞索伊奇划著一隻小船，在林中小河裡蕩著，這條河的兩岸又高又陡。我坐在船尾划槳，他坐在船頭。

塞索伊奇是一位出奇的獵人，會打各種飛禽走獸。他不愛釣魚，有時候甚至對釣魚的人很反感。

今天雖然是去捕魚，但塞索伊奇沒有改變他的脾氣，他認為是去「獵魚」。

我們繼續划著，過了一道道河，我們來到了廣闊的氾濫地區。在這些地方，灌木的梢頭穿出水面。再向前方，是一片模糊的樹影，不遠處就是森林了，黑壓壓的讓人感覺到有點陰森。

要是在夏天，岸上會長滿灌木，有一條窄窄的水道，從湖裡通到小河裡。不過，現在用不著去找這條小道，因為四周的水都很深。小船可以在灌木叢間任意划行。

船頭有一塊鐵板，鐵板上堆著枯枝和引柴。塞索伊奇擦了一根火柴，把篝火點著了。篝火發出紅黃色的光，照耀著平靜的水面，也照耀著小船旁邊光禿禿的灌木的黑細枝。

我們注視著下面，沒有功夫四面張望，我們看到了火光照進了水深處。我輕輕地划著槳，並不把槳伸出在水面。小船靜靜地、靜靜地前進著。

在我的眼前，浮現著一個絢爛的世界。

不多久，就到了湖裡。湖底上好像藏著一些巨人，身子埋在泥裡，只露出頭頂，蓬亂的長髮無聲無息地漂

動著。這是水藻還是草呢？

正琢磨著，看到一個深潭。站在小船上往下望，黑咕隆咚的，真不知道裡面藏著些什麼。

這時，從水底浮上了一個銀色的小球，起初它上升得很慢，接著越來越快，越變越大。現在，它正朝著我們沖過來，眼看就要跳出水面……我不由一怔，把頭縮了回去。

這個球變成了紅色的，冒出水面就炸了。原來，它是一個沼氣泡呀！

我們就像坐在飛艇上，在一個陌生的世界飛行。

還有下面有幾個「小島」， 島上長滿了稠密、挺立的樹木。這是蘆葦嗎？一個黑黑的怪物把它那多節的手臂彎成鉤，向我們伸過來了──是觸鬚呀！這怪物像章魚，像烏賊，不過，觸鬚更多一些，樣子更難看、更可怕一些。我們再仔細瞧瞧，原來是一棵淹沒在水裡的樹呀！

塞索伊奇頓了頓腦袋，他站在小船上，左手舉著魚叉，因為他是一個左撇子。他的雙眼炯炯有神，注視著水裡。看他那個神氣的樣子，真的像一個軍人，威武極了！

魚叉的柄有兩公尺長。下面一頭有 5 個鋼齒，閃閃發光，每個鋼齒上還有倒鉤。

塞索伊奇轉過臉來朝我做了一個鬼臉，他是讓我停船了，我只好照辦。

塞索伊奇小心翼翼地把魚叉浸到水裡，我走過去一看，看到水裡深處有一個筆直的黑長條兒。我以為是一根棍子，接著才發現是一條大魚的脊背。

塞索伊奇把魚叉斜對著那條魚，慢慢地向水深處伸下去。後來魚叉停住不動了，人也僵著一動也不動。

猛一下，他把魚叉豎直，用力刺進了那條魚的黑脊背。

湖上頓時被激起了一層水花，塞索伊奇把魚叉提出水面，原來是一條大鯉魚，足足有兩千克重。牠還在魚叉上拼命地掙扎呢！

船又繼續前行，幾分鐘後，我發現一條不太大的鱸魚。牠把頭鑽在水底的灌木叢裡，一動也不動，彷彿在深思似的。

這條鱸魚離水面很近，我甚至能看清牠身上的黑條紋。我向塞索伊奇示意，他搖搖頭，表示不要這條魚。我明白，他嫌這條魚小，於是我們放過了牠。

我們就這樣繞湖划著船。水底世界的迷人景色，一幕幕地在我的眼前浮過。等到塞索伊奇刺死水底「野味」的

時候，我還捨不得把視線移開呢！

又是一條鯉魚、兩條大鱸魚、兩條細鱗的金色鯉魚，牠們都從湖底進了我們的小船底。黑夜已經快要過去了。現在我們的船在湖裡划著。一根根燃燒著的枯枝和通紅的木炭掉在水裡，嘶嘶作響。偶爾可以聽見一陣野鴨撲動翅膀的聲音，嗖嗖地在頭上響過。

在不遠處的樹林中，有貓頭鷹的叫聲，牠好像在說：「我在睡覺，我在睡覺！」

這時，一隻小水鴨在灌木叢裡嘎嘎地叫著，好像在尋找牠的媽媽呢！

我們避開了，以免撞到那隻可憐的小水鴨。

塞索伊奇卻驚叫了起來：

「停一下！停一下！」

我好奇地看去，只見他精細地瞄準了半天，然後小心翼翼地把武器插到水裡去。

他使出渾身解數，船也被搖動著。費了好大的功夫，一條 7 千克重的梭魚被提了上來。

塞索伊奇很高興，這時天也快亮了。

琴雞開始唧唧咕咕地叫，那聲音，從四面八方不斷

地傳來。

塞索伊奇高興地說：「現在該我划船你開槍了！」

於是，我們換了一下位置。

天越來越亮了，這是一個明朗的早晨。

林邊的樹木被一層綠色的薄霧籠罩著，我們沿著林邊划著。一些光滑的白樹幹，還有一些粗糙的黑雲杉樹幹，從水裡直著伸出來。眺望遠方，樹林好像吊在半空中似的。朝近處看，有兩個樹林在眼前浮動：一個樹林樹梢朝上，一個樹林樹梢朝下。

塞索伊奇說：「我划到樺樹林邊，那裡有一群琴雞。」

很快就到了樺樹林，這裡的樹枝很多，我很奇怪，這麼纖細的樹枝，怎麼沒有被又大又重的琴雞壓斷呢？

像雄琴雞，牠們的身體很壯實，腦袋小小的，尾巴長長的，尾巴尖上好像拖著兩根辮子似的，在明亮的天空中，黑得格外明顯。而淡黃色的雌琴雞顯得樸素、輕巧一些。

塞索伊奇輕輕地划著槳，讓小船沿著林邊前進。為了不讓那些小心在意的鳥受驚，我從容不迫地端起了雙筒槍。

所有的琴雞都伸長了脖子，把小腦袋轉過來望向我們。

它們很奇怪：這是什麼東西能在水上漂浮？這東西有

沒有危險性呀？

牠們正思考著，我開了一槍，轟隆的槍聲，在水面上向樹林蕩漾過去，像碰到牆壁似的，傳來一陣回聲。

其中的一隻琴雞，撲通一聲跌在水裡，濺起了一股水沫，水沫被日光染上了彩虹的七色。大群的琴雞見狀，劈哩啪啦地拍著翅膀，一下子從白樺樹上全飛走了。我急忙又開槍，但沒打中。

「好收穫！」塞索伊奇向我恭賀著說。

我們撈起了濕淋淋低垂著翅膀的死琴雞，不慌不忙地慢慢划回家去。

在回來的路上，我們看到了一群群野鴨，牠們在水面上很快地掠過；還有勾嘴鷸尖嘯著，琴雞越來越響地叫著。當然，還有一些奇怪的聲音，至今我們也不知是什麼鳥兒。

再看看田野上，雲雀在上面飛翔，有一大群蝴蝶在翩翩起舞。

雖然我們一宿未睡，但現在卻精神十足。

本報特約通訊員的通訊

塞索伊奇把死掉的小牛裝到大車上，進了森林，又把小牛放到了一塊空地上。他找來一些白樺樹枝，在小牛的周圍圈成一道矮柵欄。柵欄的 20 公尺遠處有兩棵並排的大樹，他在這兩棵大樹的中間搭了個窩棚。窩棚的高度約為 2 公尺，是觀察用的，窩在這裡，他就能在夜間等著熊的出現。所有的準備都做好了，但他沒有在窩棚裡睡覺，而是回家去了。

一個星期後，他還像往常一樣在家裡過夜，只是早晨抽空到木柵欄那兒去看了一下，並繞著它走了一圈，他抽了一根煙，抽完後又回家了。

村民們看他這樣，都覺得好笑。年輕人調侃他說：「嗨，塞索伊奇，在自家的熱炕頭上睡覺多舒服啊，就連做夢也香甜啊！你是不是不想在森林裡苦守著呀？」

他回答說：「要是熊不來，守也是白守。」

「小牛都要臭氣熏天了。」

「這樣最好了！」

看來，他若無其事，別人真的拿他沒辦法。

其實，塞索伊奇知道該怎麼做。他也知道，熊已經繞

著畜群轉悠了好幾天，只是眼前有一大塊現成的肉，牠才沒有去攻擊那些活著的家畜。

塞索伊奇心裡很清楚，熊已經聞到了死牛的腐爛氣息，熊也去過死牛的旁邊，因為他看見了熊在柵欄四周留下的腳印。

熊沒有去吃小牛，是因為牠還不餓，等小牛的屍體真正發臭以後，牠才會去美美地吃掉牠。這些毛蓬蓬的野獸就是喜歡這麼吃食物。

一天，他看見熊的腳印已經翻過了柵欄，死牛的身上已經被撕掉了一大塊肉。

晚上，塞索伊奇才帶著獵槍爬上了窩棚。

森林的夜晚很寂靜，飛禽走獸都睡了。不過，有些夜間的動物開始活動。像貓頭鷹，牠正在搧動著翅膀，尋找吃的呢！還有野鼠、刺蝟也出來了；白楊樹下的兔子在啃著苦樹皮；土裡也有動靜，一隻獾正在找美味的草根。

塞蘇伊奇現在很疲困，平常這時候他已睡得很沉了。恍惚中，他聽到了喀嚓一聲，身體抖了一下，驚醒了。他以為自己聽錯，向四周看了看。此時雖然沒有月亮，但是北方的初夏，沒有月亮的夜晚也不算太暗。他清楚地看到，在泛白的白樺樹柵欄上，趴著一隻黑色的大獸。

終於，那隻熊出現了，牠正悄悄地走向小牛。

要在平時，塞索伊奇此時就睡了，但他看到熊來了，又強打起精神。

熊爬過了柵欄，向小牛走去，啪噠啪噠地大口吃了起來。塞索伊奇心想：「你逃不掉了！等著吃槍子兒吧！」

塞索伊奇端起槍，向熊的左肩胛骨瞄準了。

「砰！」的一聲，驚動了森林中夜行的動物們，兔子嚇得一下子躥了半公尺多高；刺蝟豎起了所有的刺，縮成了一團；貓頭鷹猛的飛起，在大雲杉樹的濃陰中消失了；野鼠迅速地躲進了洞穴；獾急忙跑回自己的地洞。

過了一會兒，沒再聽到槍聲，牠們又大膽地去做自己的事情了。

塞索伊奇從窩棚上爬了下來，他來到柵欄邊，看到被打死的熊，心滿意足地抽起煙來。

天還沒有亮，他打了一個哈欠：「回去睡上一覺吧！」

當天放亮時，村裡的人都醒了。塞索伊奇對那幾個年輕人說：「嗨，小夥子們，趕快準備一輛車，去林子裡把熊拉回來吧！」

年輕人都很驚奇地站在那裡，不知道塞索伊奇是否在開玩笑。直到他們看到了躺在林子裡已經死了的熊，他們才對塞索伊奇豎起大拇指。

What's Nature

森林報——春之舞

作　　者：（前蘇聯）維 · 比安基（Vitaly Valentinovich Bianki）
編　　譯：子陽
插　　畫：蔡亞馨（Dora）
總 編 輯：許汝紘
副總編輯：楊文玄
編　　輯：黃暐婷
美術編輯：楊玉瑩
行銷企劃：陳威佑
發　　行：許麗雪
出　　版：信實文化行銷有限公司
地　　址：台北市大安區忠孝東路四段 341 號 11 樓之三
電　　話：（02）2740-3939
傳　　真：（02）2777-1413
網址：www.whats.com.tw
E-Mail：service@whats.com.tw
Facebook：https://www.facebook.com/whats.com.tw
劃撥帳號：50040687 信實文化行銷有限公司

印　　刷：上海印刷廠股份有限公司
地　　址：新北市土城區大暖路 71 號
電　　話：（02）2269-7921

總 經 銷：高見文化行銷股份有限公司
地　　址：新北市樹林區佳園路二段 70-1 號
電　　話：（02）2668-9005

2015 年 2 月 初版
定價：新台幣 320 元

更多書籍介紹、活動訊息，請上網輸入關鍵字 華滋出版 搜尋

國家圖書館出版品預行編目 (CIP) 資料

森林報－春之舞 / 維 · 比安基著 ; 子陽編譯 . --
初版 . -- 臺北市 : 信實文化行銷 , 2015.02
面 ;　公分 . -- (What's Nature)
ISBN 978-986-5767-49-5(精裝)

1. 森林 2. 動物 3. 植物 4. 通俗作品

436.12　103025201